零度天使
——P-47在欧洲战场的近距空中支援

ANGELS ZERO：P-47 CLOSE AIR
SUPPORT IN EUROPE

［美］罗伯特·V.布鲁尔（Robert V. Brulle） 著

吴利荣 等 译

航空工业出版社

北京

内 容 提 要

　　P-47 "雷电"式战斗机，昵称"水罐"，是美国在第二次世界大战中后期使用的主力战机之一，它是当时最大的单发动机飞机，尤其适合执行对地攻击任务。本书作者完成过 70 次对地支援任务，通过亲身经历，结合欧洲战场上发生的典型空战，描述了欧洲战场空战的惨烈及鲜为人知的一面。

　　本书语言生动，阅读时如身临其境，对空战研究人员、广大军事爱好者不失为一本好书。

图书在版编目（C I P）数据

　　零度天使：P-47 在欧洲战场的近距空中支援／（美）
罗伯特·V. 布鲁尔（Robert V. Brulle）著；吴利荣等
译 . --北京：航空工业出版社，2020.1
　　（近距空中支援作战与装备译丛）
　　书名原文：Angle Zero：P-47 Close Air Support in Europe
　　ISBN 978-7-5165-2130-4

　　Ⅰ.①零… Ⅱ.①罗… ②吴… Ⅲ.①歼击机—介绍
—美国 Ⅳ.①E926.31

　　中国版本图书馆 CIP 数据核字（2019）第 288483 号

北京市版权局著作合同登记号
图字：01-2019-5819

零度天使——P-47 在欧洲战场的近距空中支援
Lingdu Tianshi——P-47 zai Ouzhou Zhanchang de Jinju Kongzhong Zhiyuan

航空工业出版社出版发行
（北京市朝阳区京顺路 5 号曙光大厦 C 座四层　100028）
发行部电话：010-85672663　010-85672683

三河市华骏印务包装有限公司印刷　　全国各地新华书店经售
2020 年 1 月第 1 版　　　　　　　　2020 年 1 月第 1 次印刷
开本：710×1000　1/16　　　　　　字数：212 千字
印张：13　　　　　　　　　　　　　定价：68.00 元

近距空中支援作战与装备译丛
译审委员会

丛书前言

"飞机总是会有用武之地，也总是需要勇敢的人们去驾驶它们。"

——理查德·P. 哈利恩

自 20 世纪初飞机作为一种武器系统投入战争以来，近距空中支援就开始在其中扮演重要的角色。通过对交战中的地面部队快速、精确和持久的火力支援，近距空中支援成为空中力量最直接、最有效地影响地面战斗的方式之一。未来近距空中支援会发生变化，但对它的需求不会改变。"空军总是相信，对地面部队的近距空中支援肯定是它在未来战争中的一项重要任务，因此需要时刻做好准备。"

近距空中支援的成功与否，主要取决于参与行动的各方是否协同一致。空中力量和地面部队之间的关系已经有了长足的发展和不断的创新，但即使在今天，做到行之有效的近距空中支援仍然是一个极大的挑战。长期以来，近距空中支援得不到与其需求相匹配的重视与发展。21 世纪以来的几场局部战争，近距空中支援得到广泛应用，再次唤起人们对近距空中支援的关注，引发各界的热烈讨论，也产生了大量关于近距空中支援的研究和著述，这填补了空中力量运用历史研究的空白，从中可以分析实战获得的经验，吸取有益的教训，为空中力量得到更有效的运用指明道路。

为弥补国内在近距空中支援研究著述方面的缺失，我们特精选国外权威研究报告和书籍汇集成"近距空中支援作战与装备译丛"，希望能够引发人们对近距空中支援的关注和思考，深化对近距空中支援作战和装备的认识。同时也希望本套丛书能够起到抛砖引玉的效果，激发更多的讨论与争鸣。因写作年代、著者国别和特殊历史时期等因素，原著不可避免地有部分观点和内容存在偏颇，敬请读者甄别。丛书编委会和出版社并不赞成其观点或证实其内容。

丛书在筹划、审校过程中得到了业内专家、学者的帮助与指导，在此不能一一列出，希望通过丛书的出版表达我们衷心的感谢。对航空工业出版社编辑们的辛勤劳动，以及丛书的作者、译者对我们的鼎力支持，谨致以诚挚的敬意。

因时间和水平所限，文中难免存在错漏之处，希望读者多提宝贵意见和建议，以便再版时改进。

丛书编委会

2019 年 9 月

《零度天使——P-47在欧洲战场的近距空中支援》

译校人员

吴利荣　冷智辉　沈　亮　张素忠
冯世鹏　赵士祥　杜　龙　刘　纯
朱力立　穆军武　何　飞　马经忠
李泰安　赵平均　陈　林　吴德广
吴洪骞　陈　坚　黄超强　朱亚萍
王　直

谨以此书献给我那些为飞行付出生命代价的伙伴们和我的好朋友们，以及那些将第二次世界大战历史资料保留下来的人们！

序

对于 1939—1945 年间达到入伍年龄、参加战斗的人们来说，第二次世界大战给他们提供了一生只会拥有一次的经历。每位战斗过的老兵都通过自己的眼睛观察每一件事，都有着只属于自己的亲身经历。

年轻人血气方刚，不怕危险，总是毫不犹豫地奋勇向前。他们意志坚决，再难以想象的困难也会从容面对。他们与自己的飞行伙伴建立了亲密的友谊，形成一条团结协作的纽带，从而赢得了胜利。后来，幸存下来的人们又会满怀喜悦和悲伤怀念着过去。往日的回忆既有美好，又有辛酸。他们对自己活下来感到欣慰，更对那些没能从残酷的战争中回来的朋友们和伙伴们感到惋惜。

布鲁尔在本书中讲述了他本人的思想活动。他是第 366 战斗机大队的战斗机飞行员，长时间执行对地支援任务，活到了战后，所以他最有资格向人们讲述战争。他精确地描述了对地支援战斗机飞行员们面临的巨大危险，他们日复一日地飞行在法国、比利时、荷兰、德国的上空，在枪林弹雨中飞进飞出，攻击敌人的战争机器。他还真实地介绍了中队的日常生活，以及飞行员们在作战飞行时的压力下发生的很多趣事。

布鲁尔对大队、中队的各次作战任务的时间地点的记载非常准确，对当时战斗形势的介绍也是一清二楚。敌人、大队、中队的损失记录，以及其他战斗情况均来自作者对技术细节的处理，称得上是可信的历史记录。

这是一位战斗机大队飞行员的故事。作者活着从战场上归来，把当时的情况讲述给感兴趣的人们听。

第二次世界大战期间第 366 战斗机大队指挥官
美国空军上校（退役）
哈罗德·N. 霍尔特（Harold N. Holt）

前言与鸣谢

　　第二次世界大战是一场前所未有的斗争，几百万人在陆地、海面、水下和空中厮杀。许多书面报通告都对这些战斗做了分析。一些报告从宏观角度分析了敌对双方在世界各地的战场上所采用的战略战术。另有一些著作则从个别战士的微观角度开展研究，反映参战人员的恐惧、无聊、凶残和厌战心理，还有其他形形色色的内心活动。本书以第 366 战斗机大队摧毁德国战争机器的作战行动为主线，翔实记载了该大队支援地面部队的日常作战任务，空中支援任务与地面部队的战斗息息相关，为前线空对地支援作战的众多历史资料增添了一点真实的内容。读者可以想象并将地面进攻和空中攻击联系在一起，从而清楚地理解空中攻击如何对整体战斗形势产生影响。第 366 战斗机大队的任务报告不但记载了敌人所受到的损失，还记录了本大队损失的飞机和飞行员。空袭战术旨在最大限度地消灭敌人，同时减小损失，为对地支援战争发展提供独特视角。以上几点再加上飞行员的思想、生活方式和中队里的奇闻轶事，生动地描绘出一幅第二次世界大战期间欧洲战场前线空中支援的画面。

　　在目前出版的很多书籍与文章之中，特别是前线战士的著作中，存在许多对对地支援作战的误解。这是因为，我们在空中飞行，主动为他们提供支援的时候，前线部队仅仅意识到我们的存在。他们没有认识到，我们的作战区域向他们的前方和左右两翼分别扩展数百英里①。我们飞到敌人战线后方 50 英里，摧毁敌方的补给站。乍一看，这类作战行动并不像是什么支援，但会耗尽敌人的燃料和弹药，最终为前线部队提供支援。我遇见过很多欧洲战场的老兵，他们并不完全懂得航空部队支援地面部队的意义。很多战士都以为我们只是在战线上方的低空闲逛，发现敌军露头就猛扑过去。实际上，除

---

①　1 英里＝1.609 千米。

特殊情况，如掩护地面部队在法国境内长驱直入那段时间以外，这是不明智的（对我们而言等于自杀），因为敌人的高射炮会很快把我们打下来。有些人还抱怨说，他们根本没有得到空中支援，因为天气不好，我们无法起飞。但是，当时天气晴朗，只有一两丝云彩高挂在几千英尺的空中，地面部队至少能看到 10 英里以外。有些人甚至把我们叫作"晴天飞行员"。这些偏见当然都是错误的，读者在阅读本书时应当排除这些偏见以及那些"地面支援飞行员"的看法。

来到欧洲战区着实让我激动不已。我出生在比利时，我 6 岁那年，1929 年，跟随父母移民到美国。1939 年爆发的战争切断了我与比利时亲戚们之间的通信联络。我盼着某一天能有机会去探望他们。这个愿望最后得以实现，书中包括在我探亲的路上发生过的很多趣事。我还驾驶着 P-47 专门为他们进行了一次超低空飞行，场面欢闹但是产生了意想不到的后果。

P-47 "雷电"是共和飞机公司设计的高空护航战斗机。1943 年，在德国上空几次极为激烈的空中战役中，"雷电"突破了德国空军的防御，圆满地完成任务。美国飞行员们驾驶着 P-47，向德国空军战斗机部队里性能最好的 Me 109 和 FW 190 战斗机发出挑战，把他们打得落荒而逃。人们亲切地称它为"大奶瓶"（Jug），凭借其坚固的机体和损伤耐受性能高的普拉特-惠特尼发动机，P-47 成为第二次世界大战期间最佳的对地支援飞机。说起"大奶瓶"这个绰号，还有一个小插曲；有人以为它是"juggernaut（重型卡车）"的简称，其他人则说这种飞机的外形像个大奶瓶。不管怎么说——我们都喜欢这个结实可靠的大奶瓶。

扫射、俯冲轰炸这样的前线对地支援任务对战斗机来说极为危险，对所有飞行员都同样危险。生存与飞行员的技术不成比例，空对空格斗期间，很多一流的空战飞行员都是在低空扫射时被地面的致命炮火击毙。驻扎在英格兰的第 8 航空队司令詹姆斯·杜立德（James Doolittle）将军承认，在执行战斗机轰炸任务期间损失有经验的空战飞行员是不能容忍的事。除了零星几次之外，第 8 航空队基本上放弃了战斗轰炸。读过杰里·斯卡茨（Jerry Scutts）的著作《第 8 航空队 P-47 王牌飞行员》的人都会感到惊讶，居然会有那么多战果显赫的飞行员最后竟然是在战俘营里熬过战争，还有那么多人在对地扫射的时候阵亡。我所在的战斗机大队在 14 个月的对地支援作战中蒙受的损失，就是这种危险的明证。在那段时间里，大队有 71 名飞行员阵亡，24 人被俘，11 人被击落（后来逃脱追捕）。另有 26 名飞行员受伤，但都设法跳伞或驾驶飞机着陆。每月在册飞行员的平均人数为 85 名，这样算来，大队的伤亡率超过 100%，总共有 135 架飞机被击落。情况最糟的是 1944 年 6 月，我们损失了 19 名飞行员和 26 架飞机。

本书的书名（《零度天使》，Angels Zero）源自飞行员表达飞行高度的术语，用"天使（Angels）"表示几千英尺的高度，比如说"天使 15"，意思就是 15000 英尺。飞行高度其实是指海拔高度，所以"天使零（超低空）"理论上就是在海平面上飞行，而实际上，不管地面高于海平面多少，紧贴地面的飞行也叫超低空飞行。某些战斗机大队喜欢在"天使"高度上随意增减数值，不让敌人知道实际飞行高度，但是我们很少这样做。按照定义，对地支援任务总是贴近地面完成的，所以本书使用"零度"这个名词。我在本书中时而使用"天使"高度，时而用数字+英尺表示飞行高度，希望不会产生混淆。

本书描写的事件和任务，都以文档报告、本人和其他当事飞行员的回忆为依据。我在战争期间用简洁的文笔写下日记，它让我回忆起当时发生的趣事，战后保留下来的照片、战斗影像、存档记录，还有大队老飞行员聚会期间那些满是激情的回忆和谈话，进一步充实了本书的内容。

我在写作期间尽量参照历史记录，力图保证本书内容的真实性。我借助档案文件核对事实，将相关人士的历史记录、书籍列入本书的参考文献。因此，虽然本书是在战后很多年写成的，但是历史事件的真实性、正确性并不亚于战争期间完成的著作。写作较晚还有一个好处，就是有机会回顾当年发生的事件，揭示事件的真相，这是早期写作所不具备的一项优势。另外还有一个优点，就是可以组织事件的先后，清楚地表明各个事件对战场整体形势的影响。即使是亲眼见过、亲身经历过同一事件的人，也会因为立场不同而得出不一样的印象，因此，如果有些当事人对本书描述的事件心存异议，我只能深表歉意，同时也建议他们根据事实写下自己的故事。

第 366 战斗机大队现在仍然是空军的作战单位，只是今天的飞行员年龄更大一些，也更聪明，接受过更好的训练，但是他们的狂热、自大和"优秀"一如往日的我们。飞机、任务、作战行动都不再是原样，只有飞行员没有改变，他们是美国青年人中最为优秀的代表。

本书的前两章介绍了第二次世界大战期间的飞行员训练课目，还有飞行员快速训练大纲的详细内容。这份大纲不仅要让学员学会飞行，还要掌握空中格斗技能，成为合格的作战飞行员。这两章是为了保持本书内容的完整性，但也可以跳过这两章，直接阅读作战行动方面的内容。经过核实的参考文献列于本书的页下注。

本书的杀青离不开很多人的帮助。我要特别感谢德国米尔巴赫（Meerbusch）的克劳斯·舒尔茨（Klaus Schulz），他是许特根森林战役的历史学家，曾经为很多当年参战的老兵担任过向导，在这片幽暗沉寂的森林中悠然寻访，其中既有德国人，也有美国人，回忆遥远的过去那一场场狂暴猛烈的激战。他向我提供了很多德、美双方的战斗资料，这些资料为本书增添了趣味性，也提高了历史价值。

我谨在此向特雷泽·博伊德（Therese Boyd）表示最衷心的感谢，感谢他为本书的写作所做的卓越贡献。

目　　录

第 1 章　飞行员培训

日本轰炸珍珠港将美国拖入了第二次世界大战。我渴望作为一名战斗机飞行员，为打败敌人尽一份力量。但是，要实现这一目标需要一些秘密援助，需要绕过官僚机构的阻碍。战时飞行训练严格、苛刻而有趣，但信息很明确：确保你能驾驶"战鹰"翱翔蓝天。

当时大约是下午 3 点，列车一路颠簸向前行进，频繁停靠一些小站。我与几百名又累又脏、满身是汗的小伙子们在列车上——我的衣服上、皮肤上满是蒸汽机喷出的烟尘——我们就这样在列车上度过了一夜。我们从纳什维尔的陆军航空兵分类中心（AAFCC）出发，正在乘火车赶往亚拉巴马州蒙哥马利的麦克斯韦基地。那天是 1943 年 5 月 31 日，是我的 20 岁生日。

一个威严的声音喊道，"好吧，先生们——行动——全体出动——抓紧"。这个声音出自某个穿着一身干净制服和佩带大军刀的官员。这是我对将管理我们两个月飞行前训练的第一个月培训的上级官员的第一印象。我将进入何处？我想成为一名飞行员，但是我怎么来到了这里？

从希特勒 1939 年 9 月入侵波兰发动第二次世界大战时起，我就每天通过广播和报纸关注战争消息。尤其着迷于爱德华·R. 莫罗（Edward R. Murrow）从伦敦发回的吸人眼球的战况报告。他的关于德国空军对英格兰的闪电战和英国皇家空军（RAF）飞行员在阻遏闪电战时表现出的勇敢抗争和战斗精神的描述非常引人入胜。他的报告使我坚定一种信念：如果美国参战，我想应征成为一名战斗机飞行员。

1942 年春天，随着美国参战，我打听到海军航空兵需要招收航空学员。那时两年大学经历不再作为参加飞行员培训的资格条件。因此，作为高中毕业生的我可以通过体检和书面考试取得参加飞行员培训的资格。但是，我可能不能满足一条规定——他们要求加入美国国籍满 10 年。我成为美国公民才

5 年，我是 1929 年随父母从比利时移民到美国的。我父亲 1937 年成为美国公民，那时我还不到 16 岁，我随父亲一起自动成为美国公民。因为我们现在处在战时，我咨询过有关获得豁免权的问题，但是被断然否决。我可以应征加入海军，但是不能成为军官和飞行员。那是我人生中的最低谷之一。

尽管美国陆军航空队有同样的应征资格，我确定我没有失去任何东西。（实际上我应该说美国陆军航空兵，但是由于一首流行的《航空队》歌曲，它一般被称为"航空队"，以至于人们几乎不用"航空兵"这一正确名称）。我获得与美国陆军航空队招募中心（位于芝加哥市中心）的征兵军官之间的一次面试机会。让我吃惊的是，这位头发斑白的、制服上佩戴很多闪光亮条的少尉在听了我的故事后说，"没有问题，只要通过书面考试和体检，再来见我"。一周内，我通过了书面考试和体检。当时他一边拿出一份文件，一边对我说，"这要等上几个月时间，但是你已经被录取了"。从他对待此问题的行为和严肃方式，我判断他是一名被要求战时服役的前海军陆战队中士。

接下来的几个月过得很慢，但是我果真收到一封信，信中说他们已经接受我的到来。我在 1942 年 11 月 26 日，即感恩节那天，在美国陆军预备役部队进行了宣誓，并得知将在大约两个月内应征服役。他们于 1943 年 1 月 30 日征召我入伍。

基础军训在佛罗里达州的迈阿密海滩进行，那里是我的第一个基地，当时住在滨海大道和柯林斯之间的第 9 大街的爱迪生宾馆（Edison Hotel）。军队生活持续了 6 周。常规军旅生活正式开始了。我们注射（接种）了各种疾病疫苗。然后从早晨 5 点（当在 KP（朝鲜）时是 4 点）就开始一整天的煎熬，从不讲情面的下士和军士总是让我不停地蹦蹦跳跳，直到我们累得全身肌肉酸痛，我们自己也奇怪，当初为什么那么渴望入伍。

我必须插入一段个人说明。我当时 19 岁，身材瘦小，但是已懂得人情世故，无论在集体中还是独自一人时都能控制好我的情绪。我父母都外出上班，所以我从 9 岁开始就学会照顾自己了。在我服役的全部生涯中，我获得的街头智慧对于应对我所遇到和共事的人来说非常珍贵。但在我应征入伍时，我还是太天真了，每当涉及到女孩和性的话题就显得很害羞，也不太参加各种聚会或舞会、约会什么的。我是一个不合群的人，满足于一人独来独往，并且我行我素，不会赶时髦或追求所谓的"成年人"的生活方式。我不喜欢烟草的余味，因为它们会扼杀我的欲望，所以我从来不吸烟。我家里从来没有人使用粗俗下流的语言，所以我从没有养成低俗骂人的习惯。

令人吃惊的是，我发现我的很多朋友都秉持全部或部分这样的信念，能合理管控自己的生活。我与其他大多数人相处得很好，主要是不干涉他们的事情，或者时不时地小心翼翼地视而不见。最重要的是，我不调皮捣蛋，并努力保持低调。这个策略极为有用，它使我远离麻烦。有时我并不成功，但是那时没有人是完美的。

3月中旬完成基础军训后，他们将我们大约200人（所有人的名字都以B开头）运到位于西弗吉尼亚州巴克汉诺的西弗吉尼亚卫理公会学院（West Virginia Wesleyan College）的平民培训先遣队（CTD）。名字叫布鲁尔（Brulle）的就我一人，但是有很多的布朗斯（Browns）、布鲁克斯（Brooks）和若干其他名字。要按字母对名字排序是一件困难的事情，因为往往需要比较第2个或第3个字母，更为常见的是比较姓，采用第1和中间名字。我们在平民培训先遣队的目的就是要学习物理和力学，这是一项两年大学要求被取消后发起的计划。对于我而言，平民培训先遣队简直是浪费时间，因为我们已经掌握了在高中提供的所有科学、物理、化学和相关数学课程。幸运的是，因为上课的教室太过拥挤，他们把通过突然袭击测试得分前30名的学员（其中包括我）运送到了AAFCC。

AAFCC位于纳什维尔之南，现在那里矗立着斯迪克大道工业区和国家警卫队军械库。1864年12月，那里曾经发生了纳什维尔之战，当时，乔治·H.托马斯（George H. Thomas）将军领导的联军在那里彻底击败了约翰·B.胡德（John B. Hood）将军领导的南方军队。作为沥青毡覆盖营房和建筑物的临时营地，AAFCC周围全是泥浆或灰尘（视天气而定），但它负责综合测试和考试，以确定我们的健康和可能从事哪类机组人员培训。大约60%的被接受的申请人进入飞行员培训阶段，另外还各有20%学习领航和投弹。安排我作为一名航空学员进行飞行员培训满足了我的愿望。我感到非常快乐和幸福。

要赢得飞行员资格和正式服役需要4个阶段（每阶段两个月时间）的培训：飞行前培训、初级、基础和高级训练。在每个阶段的第1个月，我们要

3

像大学低年级学生一样忍受各种煎熬，既没有特权也没有自由。在预示我的第 20 个生日的那个黑暗、泥泞的早晨，我们小组很快体验了后面 8 个月必须遵守的严苛规定。其中 4 条最苛刻的规定如下：

（1）始终注意你的肚子不要太大，要由士官把皮带剪短。我们的眼神必须坚毅，而不是游离不定。

（2）每件事情都必须花两倍时间完成。当外出时，我们必须沿着一条规定的老路（被称为"老鼠线路"）。

（3）在外出公干前要用擦亮剂擦亮皮鞋——甚至穿雨衣时也要如此，因为要统一着装变化。

（4）回答上级提问只能用三个回答："是，长官！""不，长官！"和"没有借口，长官！"

然而，严格的规定确实是有效的。1 个月后，我们这一班和新来班级之间的军容上的差异已经令人吃惊。一天一天的变化不太明显，但是与那个班级直接对比，其变化是显而易见的。

早晨 5 点起床，晚上 10 点熄灯，计划雷打不动。我们总是感到很疲劳。这一周我们早晨会在室内学习有关功课，下午从事军事和体育训练（PT）。每周计划会颠倒顺序。星期二、星期四和星期六我们会举行正式阅兵。星期六晚上和星期日我们一般自由活动，除非累积的过失要求一个学员必须"徒步行走"，即要穿着全套制服在某个特定区域来来回回地行进。

他们会不定期地在晚上 11 点时召集一群不受欢迎的学员，开除一些违反学员荣誉准则的学员，这通常是因为他们有欺骗或撒谎的行为。被从熟睡中唤醒并聆听喇叭中播报的一串名字（在涉及这一学生军团时这些名字将不会再被提及）对我们的情绪没有任何影响。

课程包括诸如莫尔斯电报代码、舰艇和飞机辨识、军事课目、飞行空气动力学、导航和气象等。当坐在一个电报间试图破译来自耳机的莫尔斯代码点（短音）和破折号（长音）时，总是难以保持清醒。要在一个黑屋里保持清醒并试图识别仅投射在屏幕上 1/50 秒时间的 1 架飞机或舰艇则更难。尽管我从没有使用这些知识，但是我永远不会忘记日本战舰的塔式桅杆的构造。

体育训练主要就是跑步。我们还参加弯曲和伸展类锻炼，但是跑步是主要课程。我们会围绕麦克斯韦基地四周的乡间道路跑上一个半到两个小时，每周要跑几次。在此之间，我们必须要跑"缅甸公路"，这是麦克斯韦基地的未开发区域内的一条小道。其长度超过 1 英里；每次我们跑了这些小路，需要完成时间就会减少。我们恨这条小路，就像我们恨所有的跑步，但是，稍有安慰的是，这条路至少是在遮阴和凉爽的树林中的小路。

此时我们进入了高空模拟室阶段。这是测试我们对高空飞行的身体适宜性和适应能力。我们约 20 人挤在钢结构箱子里，然后，开始排空空气。我不知道下一步如何。上升很简单，因为空气很容易从中耳和鼻窦排出，而且我达到 35000 英尺①模拟高度时没有遇到任何麻烦。下降就是另一回事了。要使得空气回到中耳需要弯曲咽鼓管，一般通过同时打呵欠和吞咽才能实现。除非咽喉肌肉排列恰到好处，否则要想空气回到中耳非常困难。我停止下降，因为我无法掌握该技术，但是在几次尝试后，我已经适应了，并能毫不费力地排空我的耳朵。

在经过数月飞行前培训后，我毫无遗憾地离开了麦克斯韦。我们的身体很棒，展现了充满自信的军人风度，并都渴望开始真正的飞行训练。经过近 24 小时的火车之旅，终于将我和其他约 75 名士气高昂的飞行员送到了卡尔斯特勒默基地。此块地域靠近佛罗里达州西侧的亚凯迪亚。卡尔斯特勒默基地有一段引以为豪的可追溯到第一次世界大战期间的著名历史。它是一个仅仅 1 英里见方的开阔地，没有跑道，排水不畅。大雨之后，地面上总会布满密密麻麻的小水坑。

在飞行前培训最后一月获得高年级生地位后，我猛然醒悟到又要打回原形——因为在这里我又是一名低年级生了。幸运的是，现在是一家叫作安布里瑞德航空（Embry Riddle Aviation）的民营承包商经营着卡尔斯特勒默基地，所以，它不是严格意义上的军事设施。即便如此，高年级生（上级士官）还是再次要求我们循规蹈矩，而且我们这个月都要被限制在该基地以内。所有飞行教官都是安布里瑞德航空的民营雇员。但是，有几位来自军队的考核飞行员会进行定期飞行考试，他们对飞行操作表现差的学员是否淘汰

①　1 英尺 = 0.3048 米。

5

具有最终话语权。在卡尔斯特勒默基地，我们采用的是波音 PT-17 斯蒂尔曼飞机，一种安装了大陆 220 马力①星形发动机的敞开式座舱双翼飞行教练机。同样的机身，配装莱康明发动机，则被称为 PT-13；采用雅各布斯发动机则变为 PT-18。教官坐在前排座椅上，学生坐在后排。通信系统由一个连接到学生头盔内耳垫上的通话软管、橡胶管和教官的传话管（漏斗）组成。它不是很可靠，由于误解了指令产生过一些令人啼笑皆非的事。

要准备进行我的第一次飞行了，这是何等的恐怖啊！我的教官 H. T. 里默（H. T. Rimmer）先生是一位结实和饱经风霜的"老人"（其实他应该在三十几岁）。对于分配给他的 4 个学生而言，他是这个世界上最重要的人和最佳的飞行员。1943 年 8 月 2 日，我开始我的第一次飞行。当时，我心中充满了恐惧：我会晕机吗？飞行是多么可怕啊！我本来不用如此担心；飞行是令人兴奋的事，在气流旋转经过敞开飞行员座舱时，任何晕机的担忧就烟消云散了。

我们花了几分钟确定方位并识别陆标。然后我听到他说，"好的，控制住并跟进一些机动。"我们练习了 35 分钟的爬升拐弯、中等坡度转弯和滑行；这是我所经历过的最激动人心的体验。第二天，仅仅在我的第二次飞行时，他向我演示了两次快滚和慢滚的特技。哇，这太好玩了！第二周自始至终，我主要练习了旋转、失速、S 转弯、8 字形转弯和协调练习。他通过通话软管传到我耳边的骂声使我觉得自己很笨，以至于除了一段延长的通话软管外，在我两耳之间（即眼前）一片空白。经过 8 小时 5 分钟的带飞指导后，他爬出了座舱，让我单独驾机练习三次起落。那是 1943 年的 8 月 13 日星期五。

在那些日子里，在单飞前，飞行员戴着的头盔风镜会在脖子后面晃来晃去。因此，当他与他的教官返回主基地时（在一个辅助基地进行起飞、着陆和首次单飞练习），其他学生看到放在前额上的风镜（标志着单飞）。看到这个标志，他们会把这个新生飞行员拉出飞机，并将他按在游泳池内喝了一个饱——这是一个最愉快的时刻。

---

① 1 马力 = 745.7 瓦。

　　第二周，由里默先生指导我们单飞，但是很多学员都消失了。此时淘汰比率一般达到了 15%～20%。事实上，里默先生差一点就淘汰了我。在前三到四次单人飞行时，教官就在旁边观察和监督。只有在教官对学生的飞行技能满意后，他才会批准检验一个小时单飞飞机的空中作业操作。我已经完成了两次从辅助基地起飞的受监督单飞和一次从主基地起飞的受监督单飞，但是没有获批拿到单飞飞机。定点着陆是下一个双人课程项目，我恰恰无法掌握这门技术。那天我真的很不开心，他越是大声喊叫，我就越慌乱。这让里默先生很恼火，就让我着陆（不再飞行）。

　　在度过惴惴不安的几天后，我和他一道重复这一定点着陆阶段。这次一切都比较顺利，他让我完成 4 次单人定点着陆。这几次练习显然令人满意，因为随后他居然批准我驾驶单飞飞机。此刻，我的累计飞行时间为 13.5 小时。单飞时我练习了失速、转弯、协调练习和旋转。我吃惊地注意到：没有教官在前面坐镇，飞机旋转有所不同，因为重心远在机后了。

　　从此时开始，飞行训练的重点转到准确和平稳飞行。当教官说要在 1500英尺高度保持平飞时，他的意思就是不多不少正好 1500 英尺。学员头部必须不断地转动，视线要盯着驾驶舱之外。如看不到近旁的另一架飞机（尤其该飞机位于其后方时），这个学员就会大祸临头。这是一个令人极为沮丧的飞行阶段——我们必须要注意我们的飞行高度、前进方向、空中速度和发动机转速，并要保持我们头部不断的左顾右盼。里默先生特别强调：在飞行时眼观六路耳听八方应成为一种本能，因为它是在格斗中幸存的关键所在。这需要学员们付出大量的注意力和精力。

　　大气中的所有飞行物都会遭遇风飘移。飞行员必须测量风飘移的大小，并在穿过田野、轰炸、射击和着陆时要对其进行修正。为了灌输风影响的概念，飞行教官要我们在一块矩形场地上空飞行。在平行于 4 条边和与所有 4条边等距离的地面上跟踪记录。要达到此目标需要我们"偏航"——让飞机稍微迎风飞行——以抵消风飘移。采用 S 转弯穿过一条刮侧风的公路，此处逆风 S 转弯和顺风 S 转弯的作用相同。

　　我耳边至今还时常响起里默先生在通话管内的吼叫声，"保持协调，注意你的高度，你在飘移——你看不见吗——纠正你的飘移！"这是一段非常伤脑筋的经历。在飞行 22 小时后，弗里斯比中尉的军方检查再次到来。我必须获得成功，因为我一直在坚持练习这一课目。

此后引入的新机动动作包括懒 8 字、急速爬升转弯和带标杆 8 字飞行。带标杆 8 字飞行是指在场地上空进行 8 字形转弯，同时保持高度和空中速度组合，使得机翼可以对准地面上的交替点，全程都保持协调飞行。理论上说，它是可以做到的；实际上，这是一种最难的机动操作。

尽管飞行是我们训练的主要部分，但是地面课程和体育训练同样不容忽视。在地面学校还要继续学习莫尔斯电报代码和飞机及舰船辨识的内容，并引入新的课目。一个新课目是看地图（但是我们知道不应叫它地图——它只是一个图表）。我们学会绘制一条代表磁差和偏离的航线，并学会如何采用 E6B 计算器纠正罗盘方向和地面风速。E6B 是一种采用滑动塑料板的圆形滑动尺，在这个塑料板上我们能画出我们的飞行轨迹和风的轨迹。

我们在地面学校开始使用林克训练器学习仪表飞行。这是个安装在一个基座上的配有铰接盖子的大箱子，它能够进行坡度、俯仰和 360 度转弯等动作。包括操纵杆和方向舵在内的一些粗糙控制装置和飞行仪表安装在内部。控制装置通过气动阀控制坡度、俯仰和无坡度转弯。它顶多就是飞机的粗略模拟，但是，它确实教会我们仪表飞行的基本原理。当在云层内飞行时，没有地平面作参照。飞行员无法区分上下，必须要依靠仪表。这令人难以置信，需要加以验证。

我们大多数飞机没有安装飞行仪表（仿真地平仪和定向陀螺仪）。即使安装了，我们对其使用也不太熟悉。一天下午，天空中飘着懒散蓬松的云彩，我从本地基地顺利起飞进并飞入云层。我首先意识到飞机在云层中变得颠簸，且变得更冷了。进入云层一分钟我就保持飞机平直飞行。但是，当我试图转弯时，我变得完全迷失方向，并几乎是上下颠倒从底部钻出。这次飞行教育了我，让我无须再被动地去学习仪表飞行。

在 45 个小时的军方飞行员检查后，我们进入有趣的飞行阶段——特技表演。按照指令迅速地完成筋斗、半滚、慢滚、快滚以及半筋斗翻滚。这些精确特技完成得既顺利又优雅。当飞机正好位于水平位置时必须停止快滚。半筋斗翻转让飞机正好 180 度转向。慢滚时，机头保持在一个点上。向右快滚很容易，因为它需要把操纵杆拉向右后位置拉；而向左快滚则要把操纵杆推到一个不太顺手的左后位置。推杆比拉杆要难。在过去几个月体育训练形成的肌肉发挥了作用。在一个小时特技飞行后，我们明显感受到了我们右臂肌肉的疲劳和疼痛。

初级训练结束时，有了 65 个小时的飞行经验，我们就感觉成了世界上最棒的飞行员。初级训练中最后一次飞行时是双飞，教官坐在后排。坐在驾驶舱前部的视野完全不同，这真对我造成了影响。坐在前排座椅的飞行员不能把上翼面当作一个参考平面，这就给我做一些机动动作造成了麻烦。这还成为我后来刚开始过渡到飞 BT-13 单翼机的先兆。

坐了两天一夜的火车，我们终于在 1943 年 10 月 3 日来到亚拉巴马州考特兰的陆军航空兵基地。经历了民用初级培训学校相对轻松的生活后，再次接受严格的军事管制使我们极不适应。帽圈被收走，这意味着拿走了我们"优秀飞行员"的标志，皮鞋和皮带扣每天都要擦得锃亮。

考特兰陆军航空兵基地是二战期间建造的典型的基地，4 条混凝土跑道按照罗盘方向排列（1986 年时还存在）。我们的营房还是我们在纳什维尔住过的同类型的盖着沥青毡的营房，但不是开放式的军营。它有 12 个套间，军营每侧有 6 个，每个套间容纳 4 个学员。每个套间有一个面积约为 10 英尺乘以 20 英尺的书房，两个面积约为 10 平方英尺的卧室。每个套间配有一个取暖用的小型煤炉。房间很昏暗，不过很干净——伙计，真的很干净。严格执法者是少尉战术官，他们教导一群不能自理的学员们逐渐养成军人风纪，这是一个吃力不讨好的工作。我们轮流为各个单独的厕所打扫窗户、擦地板和擦洗黄铜饰品（大约每 8 座军营配备一个小厕所）。

我们不断采用相同但交替的周计划：前一周是早晨飞行，下午在地面学校上课和进行体育锻炼。下一周则调过来（即早间为地面学校课程和体育锻炼时间，下午飞行训练）。我们终于见到了来自军队的飞行教官，并且 10 月 5 日开始使用伏尔特 BT-13 和 BT-15 飞机飞行。BT-13 和 BT-15 飞机采用相同的机身，但分别配装了普惠气冷星形发动机（额定功率为 450 马力）和莱特星形发动机（额定功率为 420 马力）。

BT-13 和 BT-15 都安装了双位变距螺旋桨，低距用于起飞，高距用于一般飞行。还安装了手动控制的机翼襟翼，襟翼每转动一次下偏2度，即转动30次就整个下偏60度。升降舵和方向舵调整片控制使飞行更为简单，但是它们非常灵敏，需要小心操纵。一台手动调谐的低频无线电台如果使用得当通话距离大约10英里，这可以使我们保持与塔台的联系。学员坐在前排座椅飞行，很容易听到坐在后排教官的指令，随时通过对讲系统与教官之间保持应答。我的教官是文森特·惠布斯中尉（Lt. Vincent Whibbs），不过不同的教官负责不同的飞行阶段。当学员有问题或疑问时，惠布斯中尉行使主教官的角色。

初级训练中我的第一次飞行就是要习惯没有上翼但还要保持飞机平飞的飞行。在第二次飞行时我们就开始练习失速，这也验证了这种飞机绰号"伏尔特振动器"果然名不虚传。因为，它在失速时的摇晃非常剧烈。驾驶这种飞机不是太难，但是要保持所有操作程序准确无误可就麻烦多了。襟翼该向上却向下或者该向下又向上了，以及调整片方向转动错误是初学者常犯的错误。习惯于在着陆时观察空速也很难。在初级阶段飞斯提尔曼飞机时，学生可以通过上翼面保持水平来判断正确的机头下俯姿态。从张线的振动音，学员就能判断他处于着陆空速槽中。驾驶 BT-13/15 飞机，学员必须依靠空速并养成一种不间断检查的习惯。在带飞8个小时后我独自驾驶了 BT-13/15 飞机。再次单飞使我倍感兴奋，但是当然不会像第一次单飞那么激动了。

本次有几个学员被淘汰，因为他们没有做出改变。奇怪的是，还有几个学员也退出了；他们就是不想再飞了。我的一个室友也退出了。他抱怨他飞行时总是感到头疼，但是我相信那只是他的一个借口罢了。他渴望被录取到陆航机械师培训项目。我还是无限地渴望成为一个战斗机飞行员。

在单飞和完成几个着陆阶段后，我们开始了仪表飞行训练。为了上这些课，驾驶舱后部罩上了帆布罩，这样就能够完全使用仪表飞行，按教官指令从起飞到下降拉平着陆。其他飞行技能学习也一直在延续，还学了几个新技巧，不过几乎每次双飞都是仪表飞行。使用的飞行仪表包括一个航空地平仪、航向陀螺仪和一个转弯侧滑仪。转弯侧滑仪是一个由陀螺驱动的针式指示器，用来显示转弯速度；带曲线玻璃管内的一个小球指示坐标飞行或转弯的情况。单针宽度转弯被定义为标准速率，它提供一个每秒三度的转弯角速度。飞行仪表还包括磁性罗盘、空速指示仪、高度计和升降速度表。

仪表飞行训练以使用基本系列飞行仪器组为重点。这包括转弯侧滑仪、空速、高度计和罗盘。强调基本飞行仪表飞行的原因在于：如果一个飞行员飞出超过 60 度的倾斜角度，则航向陀螺仪和航空地平仪将会翻滚，并且不再有用。然后，他只得依靠基本组（仪表），通过对准针与球中心以及稳定空速来重新获得平直飞行。

在一次转弯时，磁罗盘表现失常，比实际航向提前或滞后多达 30 度。要按照规定方向离开滚出，意味着必须根据转弯方向和航向使得罗盘指示提前或滞后一定量。教官的警告仍然回响在我耳边："注意那该死的指针""小球居中""修正你的空速"。教官让我们练习组合操作，即让我们在进行转弯的同时改变空速或高度，而且我们要在特定时间内完成组合操作。我们还练习了从异常位置恢复的操作。教官使得飞机处于陡坡转弯状态，急盘旋，甚至是上下颠倒，我们必须只采用基本飞行仪器将飞机从以上状态恢复到平直飞行。在所有飞行训练中，仪表飞行是迄今为止最累人的飞行。因为没有时间放松，我们必须掌控一切，否则我们的飞机将会失去控制。

我们还训练了三机编队飞行。全部飞行时长（从起飞到着陆）持续了一个小时。除了要紧盯长机并不断小幅调节油门外，其他倒不算太难。我很害怕在编队中进行急转弯，尤其当我在 V 形编队三机飞行中的外侧或上面的时候。我总是习惯于握住上舵和交叉操纵，害怕我会向下滑动进入长机（位置）。这使得我的教官大为光火，并给了我一个不及格分（或我们所说的解雇通知）。他强调飞机必须始终协调飞行，使得小球居中，以完成平稳操纵。控制上舵可能导致飞机快速变为旋转，导致一场灾难。对于我来说，编队特技协调飞行确实难以掌握。

引入的另一新的飞行阶段是夜间飞行。我在第一次夜间飞行时完全迷失了方向。幸运的是，教官一直在后座上帮我渡过难关。我从机场起飞后，地面和灯光立刻在我眼前逐渐消失，我的飞机周围陷入一片黑暗。我认识到为什么教官坚持要我们通过一次蒙眼座舱检查的原因了，因为在座舱内的唯一照明就是一些昏暗的日光灯，它们只能为仪器的镭仪表盘提供照明。我们要依靠本能知道仪器、开关和控制器的具体位置，因为我们几乎看不到它们。

他们安排了所有夜间飞行飞机航线区域。南北和东西罗盘方位将基地飞行区域分割为 4 个象限。起飞时，他们指定特定象限和高度，我们将在此范围内按右旋模式盘旋。我们在 5000 到 6000 英尺高度上开始盘旋。按照 500 英尺增量，我们被安排逐渐降低盘旋高度。在 2500 英尺高度时，飞行员就位于这一堆机群的低层，并被允许进入起落航线，并下冲进行惊险的着陆。

我以前夜间飞行过程中迷失方向的不足得到了纠正，在飞行约 45 分钟后我开始练习着陆。针对第一次着陆，要沿着跑道点亮一排泛光灯。着陆实际上一点也不难。当飞机着陆并受到控制时，跑道管控教官将点亮绿灯。这就是明确飞行员可以起飞以进行下一次环飞和着陆。在着陆后并在轰隆隆起飞前，飞行员必须执行三个非常重要的程序：向前推动螺旋桨控制（杆）到低距，收起襟翼，并使得平衡调整片居中。我先后经历了三次夜间伴飞，没有遇到任何问题，然后我进行了 6 次夜间单飞练习。

由于气候和其他计划活动之故，在两周后他们才再次安排我进行夜间单飞。起飞并在指定象限内盘旋大约一个小时后，他们呼叫我让我完成一连串 15 分钟的着陆。在我第一次着陆时，我后面的一个学员与我靠得太近，以至于当我一着陆他们就向我亮绿灯，要我再次起飞。我在一瞬间对闪烁绿灯感到困惑，忘记了将配平片居中。我只知道完成三个后着陆程序中的两个程序，但是就是无法想起来第三个是何种程序。跑道管控教官这时猛烈闪烁绿灯让我起飞，所以我立即加大马力并起飞。幸运的是，跑道管控教官认识到我因为进行着陆升降舵配平片被收起而导致爬升太陡峭。当我在无线电里听到一个声音，"注意稳定器失速"，我知道那是针对我的，并立即采取行动防止失速和可能的旋转。我相信那是我飞行生涯中最接近死亡的一次操作（当然，战斗飞行除外）。这是一个很好的教训，即便当多年以后我已经是飞行教官时，我仍然难以忘怀。在让我的学生单独操作任何新学会的动作之前，我们都会重温这些程序，以再次激活他们的记忆。

我们的教官也重视越野（穿越乡村）飞行，以磨炼我们的航行技术。BT-13/15 飞机的飞行范围大约为 1000 英里，所以他们安排了几次长距离越野飞行。我记得一次我们从考特兰起飞到田纳西州史密斯维尔，再到克罗斯韦尔，并返回考特兰。这次飞行使我们很接近田纳西州诺克斯维尔附近的禁飞区（现在称为橡树岭）。他们警告我们不要误入该区域，否则我们将会被直接击落（没有任何警告）。我们不知道或关心那里有些什么，但只是在意这个警告。

就在完成基本训练前，我们被安排进行夜间越野飞行。他们将大约 150 名学员分成两个部分，每人都成功完成了夜间飞行。我被安排在第二夜飞行。正好在学员起飞后，该地区突然被浓雾所笼罩。19 个学员迷失了方向，其中 8 人发生了撞机并遇难身亡。飞机被分散迫降到东南方向的各个机场。麦克斯韦基地当局（作为东部训练指挥总部）对这次灾难进行了调查，并在蒙哥马利报纸公布了调查结果。调查委员会的结论是：事故的主要原因是学员"未遵守规定"。在我看来，这纯粹是一种掩饰。战争的紧迫情况要求指挥员在完成飞行要求和安全之间做出抉择。但安全被丢到了脑后。第二夜的越野飞行被取消，这使得我的夜间越野飞行被延迟到我到达高级飞行学校之后。

当被告知我已经被选择参加单发动机高级飞行训练时，我感到非常快乐和幸福。因为我离成为一名战斗机飞行员的梦想又近了一步。大约 75 位胸怀抱负的战斗机飞行员于 1943 年 12 月 6 日到达位于亚拉巴马州塞尔玛的克雷格基地。但不久我染上了一个类似流感的传染病，这将我驾驶北美 AT-6 的高级飞行推迟到了 12 月 15 日，这是一种很酷的飞机。其唯一缺点就是它的起落架轮距太窄了，这使得着陆有点麻烦。一种普惠 600 马力空冷星形发动机通过恒速螺旋桨为飞机提供动力，飞机最大平飞速度达 200 千米/时。它采用液压操作襟翼和可收放起落架。即使内置也为安装两架点 30 （0.3 英寸①）口径机关枪预留了空间。一个安装在整流罩右侧，通过推进器射击；另一个安装在右翼上。在 5 小时伴飞指导和学习所有程序后（最难的部分），我被允许进行单飞。

高级训练第一部分重点在编组飞行。其中，在精确特技编队演练中我们每人都要学习领导三机飞行（做长机）。还重点学习仪表飞行，因为毕业需要通过 50-3 仪器考查（50-3 指仪表飞行规则）。我在练习仪表飞行时的不懈努力获得了回报，因为我在毕业前三周即完成了 50-3 仪器测验。该测试包括通过仪表起飞的完全的暗舱飞行、关于基本仪表技术的核查和无线电导

---

①　1 英寸 = 25.4 毫米。

航定向和低飞进场。当教官要我打开罩子时我看到基地正好在我的前方，这种感觉太美妙了。有几个学员被拒绝进入下一节课训练，因为他们没有达到必要的熟练程度。另有几个不幸的学员被淘汰出局。

高级训练的后半部分花在白天、夜间和仪表越野飞行以及以我们教官为假想敌的模拟空中格斗上。他让我们咬住他的机尾，然后试图通过各种猛烈的动作摆脱我们（称之为"老鼠竞赛"）。一开始，他通常很成功，但是当我们技术日益成熟时他就不得不投降了。我们测验了对地射击技术并测试了低海拔高度导航程序。最低到 21000 英尺的高海拔编队飞行教会我们在日常飞行中飞机是如何利用氧气的。

在寒冷的 2 月，我们乘坐卡车到达 50 英里之外的麦克斯韦基地，以便再次进行高空模拟室核查。我在 35000 英尺的模拟高度遇到了问题，这一次我得了让人痛苦异常的牙痛病。他们将我送到牙科诊所，在拍了 X 光片后，牙医给我拔了牙。一颗智齿挤压到鼻窦腔，上升到高空后的压力差使得我的牙神经发炎。乘坐那个冷冰冰的卡车返回到克雷格真是一次悲惨的旅程。

地面学校继续开办很多我们在飞行前一直在学习的课程。毕业生需要通过莫尔斯电报代码课程考试，即通过每分钟接收由无线电台发送的 30 字信息和接收由光信号发送的 6 个字信息的考试。为了通过考试，一些同学需要在晚上进行额外的代码课程学习。引入的一门新课程是双向飞碟射击，以练习引导一个移动目标。这确实很有趣，但是与小组内的"南方猎人"较劲是徒劳无用的，在这门课上他们完胜我们所有人。

最后迎来伟大的一天——1944 年 2 月 8 日。我们（仍）作为军校生在凌晨 5 点即被唤醒，并列队步行到剧场。160 位军校生宣誓就职并宣誓担任美军少尉。然后他们向我们发布飞行员等级令，该命令允许我们佩戴梦寐以求的飞行员银胸章。仪式仅进行了 10 分钟，此后，我们穿上各自的军官服，在一片混乱中吃了最后一顿早餐。我进行了 208.5 小时的飞行训练，最终才获得今天的银胸章。这个用时数大约为全集团的平均数。

我们中的一半人要休假 10 天，另一半人待在克莱格进行寇蒂斯 P-40 战斗机考核。当我们返回进行 P-40 战斗机考核时他们再休假。这是我参军一年多以来的第一次休假。那时，我的父母为我感到无比的骄傲和自豪。穿着我的新军官服并佩戴飞行员胸章后，我成为邻居眼里的大明星，并发现这种时髦制服的力量。以前与我毫无瓜葛的邻家女孩现在对我暗送秋波。当我休假时，他们选中我的大哥阿尔伯特（Albert），而我也敦促他去义务兵役接待中心，开始其海军生涯。

P-40 飞机测验以从 AT-6 飞机后座进行近 20 次着陆开始，以适应在着陆高度处 P-40 长机头的有限能见度。在研究了技术指令和《飞行员手册》并进行了常规的暗舱考查后，他们判定我们可以进行 P-40 飞机的单飞。教官帮我们起动了发动机，给了一个好运握手，并高喊一声："走！"

P-40 当时仍然是一线战斗机，但是新飞机很快将替换它。P-40B 和 C 系列被称作"战斧"，P-40D 和 E 系列被称作"小鹰"，而 P-40F 系列被称作"战鹰"。早在缅甸和中国战场对日作战期间，飞虎队就曾使得 P-40 战斗机闻名世界。我们飞的是 P-40F 飞机，其由帕卡德·罗尔斯-罗伊斯·梅林（Packard Rolls-Royce Merlin）发动机提供动力，这是一种可产生 1300 马力的 12 缸 V 形串联液冷发动机。其最高速度达到了 370 千米/时以上。这是一种第一次单飞时难以对付的飞机，尤其是当时我们累计飞行时间仅有 220 小时。

克雷格基地主跑道宽度约 300 英尺，可轻松容纳三机编队起飞，长度为 4500 英尺。针对我的第一次 P-40 起飞，我充分利用了跑道的每寸土地——从一边到另一边和全长。他们严厉警告我：P-40 飞机由于其长机头和强大的发动机，在起飞时会形成很大的扭矩（左转趋势）。不幸的是，我没有预测到该扭矩的量级，且在加油门起飞时没有用足右舵，而且我还猛地拐弯在跑道上走成曲线轨迹。一旦我最后控制住其曲线轨迹，我便起飞了。在练习几次失速和模拟着陆，并找到该飞机的感觉后，我最终安全着陆。我必须坦承，在下地后我就像风中的一片树叶那样摇晃不止。快速适应此任务后，我在随后的飞行中更加沉着冷静。但是我并不是毫发无损地通过了测试，管控着陆时的机翼刮擦曾经导致翼尖被撕开一个 1 英寸的裂缝。总之，这是一次使人兴奋和愉悦的 10 小时 P-40 飞行。

3 月 10 日，他们用公交车将我们送到佛罗里达州的埃格林基地，我们要在那里的 6 号辅助基地进行射击训练。这是回头重新驾驶 AT-6 飞机，以便通过测试获得利用安装在整流罩上的点 30 口径机关枪进行对地和对空射击的资格。第一次机枪射击便使我们惊喜连连；操纵杆并不像电影中所表现的那样摇晃。我们射击一个约 5 英尺见方的地面目标。在空中射击时，我们射击一个尺寸约为 4 英尺宽乘以 30 英尺长的拖靶。每个学员每次飞行要 4 次射击同一个目标。学员要利用不同的彩色子弹。在穿过靶子时子弹在弹孔周围留下彩色痕迹。通过安装的 200 发子弹的打中次数，外加标准化射击模式和射击摄影胶片，可以分析我们飞行员的飞行和射击错误。他们要求我们具备射击资格，故我们要持续练习，直到被判定合格。我记不得需要的合格分是多少分了，但是我的日记中写明我以对地射击射中 46% 和空中射中 40% 而被判定合格。

第 2 章　作战战斗机训练

学会飞行仅仅是培训的一部分。现在必须要学会如何驾驶美国前线战斗机飞行并最终成为一名"战斗机飞行员"。我们的心中充满期待，但也伴随着紧张和兴奋。

在埃格林完成射击训练返回到克雷格基地后，我们大多数人都收到了到弗吉尼亚里士满空军基地报道的命令。里士满是战斗机飞行员培训的东部训练指挥总部。为了前往里士满，我们 5 个人凑了一笔钱，买了一辆 1935 年款的普利茅斯轿车。这辆车的起动机总是无法起动，每次都需要推一下，我们必须在油箱的一处小洞上抹一些肥皂来防止小渗漏，但是除了这些，它是适合上路行驶的。尽管我们为本次旅行获得了必要的汽油配给券，但我们的几个同学都是老司机，他们大多数时间都没有用这些券购买汽油。我们要花上几天才能到达里士满，每天必须及早在一个大城市停留一下，我的同行者通常会在晚上找一些当地的美女消磨时光。我不喜欢他们这种寻欢作乐的生活方式，所以当我们到达里士满时，我卖掉了我的汽车股份，并与他们分道扬镳了。

在里士满，我们接收到一项指令。指令安排我们到位于康涅狄格州温莎洛克斯的布拉德利基地实训单位（OTU）报到。在布拉德利，我们将学会战斗机飞行员专业技能，同时驾驶最好和最通用的美国战斗机——共和国 P-47 "霹雳"型战斗机。一个朋友邀请我和他一起开车到布拉德利。在半路上，我们先后在华盛顿哥伦比亚特区和纽约市停留。这是我第一次到华盛顿，壮观的政府大楼给我留下了深刻印象。当在纽约停留时我们来到了帝国大厦的楼顶。很明显，高度不会影响我的飞行，但是我不喜欢待在高楼大厦里，所以我在楼顶上感到很不舒服。两周后，我飞过了帝国大厦，并在 10000 英尺高度上翻滚并向下俯瞰。当从高楼楼顶俯瞰时我总是焦虑难消，但是在

10000 英尺高度上下颠倒飞行、俯瞰同样的大楼时我却毫不畏惧。

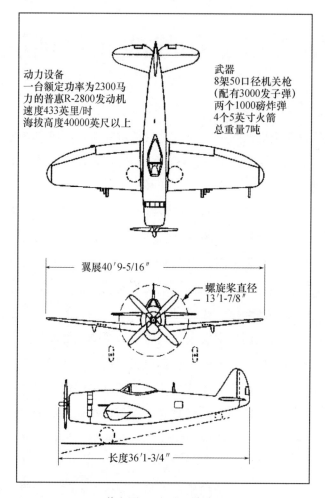

动力设备
一台额定功率为2300马
力的普惠R-2800发动机
速度433英里/时
海拔高度40000英尺以上

武器
8架50口径机关枪
(配有3000发子弹)
两个1000磅炸弹
4个5英寸火箭
总重量7吨

翼展40′9-5/16″

螺旋桨直径
13′1-7/8″

长度36′1-3/4″

共和国 P-47D "霹雳"

P-47 飞机考核时采用我们在驾驶 P-40 飞机时经历的相同程序：阅读技术指令，熟悉座舱，并进行常规的暗舱核查和教官帮助起动发动机。P-47 是二战时最大的单座战斗机。然而，它是那时我能调节座椅和控制而无须采用笨重的空军皮革靠垫就能适应我的矮小身材的唯一机型。一台普惠 R-2800、18 缸空气冷却星形发动机（额定功率 2000 马力）驱动 P-47 飞机达到 400 英里/时以上的速度。由于安装了废气驱动的涡轮增压器，该飞机能达到 40000 英尺以上的高度。在训练时，我们没有用足其全部功率，因为我们采用了

90-高辛烷值燃料，而不是设计规范中的 100/130 的辛烷值。有趣的是，这种新飞机 1942 年的售价达到了大约 90000 美元，在当时这可是很高的价格。

　　回忆起我第一次驾驶 P-40 飞机起飞的艰难时刻，我决定不再重蹈覆辙。我不必担心。在起飞时，P-47 飞机的尾轮锁保持飞机沿着跑道轰隆隆笔直向前。在飞机升空和收起起落架后，我开始拐弯以环绕基地飞行，但是，让我吃惊的是，着陆时我居然找不到基地。布拉德利基地跑道是绿色的，因为在跑道上"画上"了乡村道路，在跑道之间建造了很多伪装的假农房，并对营房和其他一些建筑进行了伪装。从地面看，这些伪装显得很可笑，但是，从空中看，这些伪装很逼真。我花了 5 分钟才辨认出基地，伪装确实很有效。

　　在飞行约 45 分钟后，开始减速和模拟着陆，以培养对此飞机的感觉，我使得战斗机以着陆模式接近并完成了拉起动作。在沿约三分之一跑道长度上的 500 英尺高空以 200 英里/时完成了拉起动作，包括在下风段以一个 180 度转弯拉起到 1000 英尺。随着飞行员经验的增加，他会通过降低拉起高度和增加空速直到其在 50 英尺高度飞出 300 英里/时的速度，从而大出风头。

　　4 架飞机编队飞行将以左或右（根据剥离方向而定）梯次编队方式靠近，并呈扇形散开，以便在剥离期间形成着陆间距。此方案就是使得 4 架飞机在跑道上，一架飞机拉起，一架飞机着陆滑行，一架飞机刚好落下，最后一架飞机着陆拉平。应巧妙完成撕拉式，以便可在不需要动力条件下完成（除非爆炸使得发动机熄火），直到落到地面。随着撕拉时空速降到 180 英里/时以下，起落架被放下，调整发动机马力和滑行角度，并在 150 英里/时空速和 800 英尺高时转飞基地方向。最终接近转弯是在 130 英里/时空速和在 500 英尺高度时完成的，此时襟翼应完全放下。最终接近空速为 120 英里/时，着地速度大约为 100 英里/时。

　　对于我们的第一次飞行，我们应该只要进行一次接近飞行，然后加大马力绕行进行再次接近和着陆。我的第一次接近正好在槽内。我说，"见鬼了"，并轻松着陆。当我离开跑道开始拐弯和滑行回到坡道时出现了麻烦。由于对我第一次飞行能幸存的激动和压力使得我的双膝摇晃得很厉害，以至于无法控制飞机滑行。我从滑行道一侧停机，关闭发动机，开始步行 1/4 英里返回营区。大约走到一半路程时，我迎面碰上了地勤总管。我告诉他飞机没有问题，他应将其滑行拉回机库。在喝了一杯咖啡并与我的教官笑言此事时，我再次起飞且没有遇到任何后续问题。我的飞行总时间达到了 230 小时。我花了另外几个小时探索了 P-47 飞机在俯冲和急速上升、特技和编队飞行时的飞行特点。在飞行 6 小时 P-47 战机后我在日记中写道，"当机头朝下时像个石头一样下坠……控制系统很灵敏……这个飞机好像变好了"。

我的第一次高海拔编队飞行遭到了惨败，我无法在 23000 英尺高度保持编队队形。那是我第一次有机会采用涡轮增压器，但是我一点都不喜欢。涡轮增压器极度敏感，导致发动机间歇性喘振。与其他飞行员讨论后，他们告诉我他们没有任何问题，而且他们喜欢涡轮增压器控制。在高海拔编队飞行后第二天，教官碰巧驾驶了我前天飞过的飞机。在 28000 英尺高度我们放弃了任务，因为教官遇到了涡轮增压器问题。这一次我保持编队飞行没有遇到问题。涡轮增压器控制系统工作正常且发动机动力控制平稳而可靠。我高兴地发现在第一次高海拔飞行时使我备受折磨的是一个机械问题，但是可悲的是，我当时没有识别出故障。

高海拔飞行的一个注意事项：在高海拔处气温很低；事实上，每上升 1000 英尺温度要降低约 3.5 摄氏度，故在 35000 英尺高空时温度为 -65 摄氏度。非增压的座舱很冷，故当我们计划进行高海拔飞行训练时，我们都要穿上冬季的飞行服。而在 80 秒内到达地面后的温度很高，你想吧，我们穿着笨重的冬季飞行服，甚至在登机之前就已经汗流浃背了。汗水没有办法蒸发，潮湿的内衣黏在身上，上天后我们感到全身又湿又冷。座舱内有一台排风空气加热器，但是其功率不足，它甚至无法让我们的双脚保暖，更谈不上整个座舱了。我不喜欢高空飞行，尽管从高空俯瞰的景观非常壮观。

随着高海拔特技和模拟空战的进行，P-47 实操训练进展迅速。降低座椅高度和低腰垂肩，使得我们可以模拟仪表飞行。在这些飞行中，僚机飞行员行使安全飞行员的角色。这是一个粗放式模拟，因为我们忍不住会看上一眼天空或地面，但是它确实使我们逐渐增强了信心：P-47 飞机性能稳定，依靠仪表飞行相当简单。

P-47 飞机从 30000 英尺以上高空近似垂直俯冲可能进入压缩俯冲，导致飞行员失去控制。在机翼上形成的冲击波改变了空气动力气流，这改变了有效终结控制的控制力，引发一种不受控的垂直俯冲。在地面学校，我们讨论了该俯冲的特点，并发现我们只有一种恢复的方法；我们必须让飞机下降到约 15000 英尺高度的温暖空气带，此时冲击波消失，我们重新获得拉平的控制力。为了探究此现象，一名教官引导我们在 33000 英尺高度进入近似垂直俯冲。我们得到的指令就是在我们感到飞机和操纵杆颤动时（标志着压缩性发作）缓缓拉平。我在约 28000 英尺时感到一种猛烈冲击，并缓缓减小俯冲角度，以防止压缩性。这真是令人提心吊胆，但它是训练的必要部分①。

一次令人兴奋的低海拔巡航飞行几乎终止了我的飞行生涯。在一次四架飞机低海拔编队飞行时，我们每人都做了一个转弯引导飞机在纽约、康涅狄格和马萨诸塞州农村上空飞行 50 到 75 英里。在近地高度以 200 英里/时呼啸着飞过地面上方确实激动人心。我们看到受惊吓的人们抬头看着我们。有些甚至向我们挥手。此场面吸引了我的注意力，以至于我完全忘记检查我的燃料箱。这是标准的操作程序（SOP）：带着 205 加仑②主油箱（后续机型飞机增加到 270 加仑）起飞，当升空时，切换到 100 加仑辅助油箱。根据功率设置不同，该油箱在任何地方维持 45 分钟到 1 小时（或以上）不等。一个装满油的辅助油箱会降低飞机动态稳定性，故应尽快使得辅助油箱放空。在激动人心的飞行过程中，我让该油箱的油流光使得发动机停机。幸运的是，当我切换油箱时发动机立即点火。让一个油箱在高空耗干并不费力，但在甲板（地平面）上让油箱耗干是一种我绝对不想再次经历的境遇。一个不可磨灭的教训深深扎根于我的记忆中：连续飞行需要集中百分百的注意力。

在此次低位越野飞行中获得的另一个教训就是该飞行难以准确导航。当我领航飞行时，原计划我应横穿哈德逊河的一个小镇并随即转向北飞行。我知道我不能失去河流（参照物），但是当我到达那里时我们已经在位于小镇以南几英里的位置了。低空飞行需要多个飞行计划，以便清晰标记出在低位可看见的显著检查点。这些检查点不同于那些针对正常高度飞行通常选择的

---

① 罗伯特·V. 布鲁尔（Robert V. Brulle）在《空中力量史》（1996 年 3 月）40~53 页《不要惊慌——这不过是俯冲时的压缩效应》一文中，详细解释了压缩效应，以及为了缓解此种危险效应所做的努力。

② 1 加仑（美）= 3.785 升。

检查点。而且，在围绕高的障碍物和小山穿梭飞行的同时保持要求的地面轨迹是一个很难的航行问题。在哈德逊河上方大桥甲板上飞行时，我们曾经来到了一座跨河的大桥（我无法回忆起具体位置）。我当时是领航员，有几个瞬间曾有过在桥梁下方飞过的想法，但是还是被我放弃了，因为最近几个同学违反飞行规则，结果被转到了步兵团。

当飞行时我们会偶遇一些海军陆战队飞行员，他们在罗德岛的普罗维登斯训练，驾驶的是 F4U "海盗" 飞机。这就是通常的参加空战的雷森德加（raison de plus）。F4U 采用与 P-47 相同的发动机，但是我们发现我们总是被F4U 战斗机痛扁。该飞机可以更好地爬升和拐弯，而我们所能做的是利用我们占优势的翻滚速度来防止对我们的迎头痛击。我的新室友查克·班尼特（来自威斯康星州简斯维尔的查尔斯·E. 班尼特）和我在波士顿度过一个周末并遇到几个在普罗维登斯训练的海军陆战队飞行员。我们在一起喝了几杯酒并谈到我们在空中的偶遇。我们发现海军陆战队在训练时采用 100/130 规格的高辛烷值燃料。为了节约这种 100/130 规格燃料（以便用于海外作战），我们在训练中采用的是 90 辛烷。这限制了我们能用的最大功率，功率上的差距使得 "海盗" 更敏捷。在那以后当它们主导模拟空战时我们的感觉不是太糟糕。

在总计飞行了 43 小时的 P-47 战机后，他们将我们中的 15 人塞进一架洛克希德-维加·文图拉（Vega Ventura）并将我们运到位于长岛的萨福克空军基地，以进行机枪射击练习。我们在当时长岛人迹罕至地带的一个山脉（距离空军基地数英里）进行对地射击。还要沿着长岛海岸线飞行进行空中射击练习并向大西洋开火。不知何故，我驾驶 P-47 飞机就是无法到达射击槽线，空中射击差一点考了一个不及格。我在采用 100 磅①练习弹俯冲轰炸实训时做得很好，也许因为我俯冲投弹高度很低，所以不会错过目标吧。在之后的战斗中，曾经有两次，当我返回时我机身下方居然嵌入了炸弹的弹片，因为我投弹的高度太低了。

我们做出转弯动作拖曳空中射击靶，同时卸空 P-47（卸下枪支和防弹钢板），仅仅主油箱装满了高辛烷值规格的燃料。利用全部军用动力的能力加

---

① 1 磅 = 0.454 千克。

上轻量化，给人形成了一种飞机简直就是从跑道跳起升空的印象。加快起飞降低了拖索因为靶子在跑道裂缝中受阻而断裂的概率。这导致了我们之间鼓舞人心的竞争，以看看我们谁能在最短距离内升空和以最陡角度拉起接近离开跑道的靶子。由于鲁莽操作有些起飞触到了边界，但是没有发生事故。

　　5 月 31 日是我 21 岁生日，那天，一个意外的来访者将我从睡梦中吵醒。他是我的哥哥阿尔伯特。就是我 2 月度假时将之带到征兵局的那位哥哥。他们将他安排到了海军部队。在仅仅 4 个月后，他已经是一名几个大西洋护航航道的护航驱逐舰（DE）上的老兵了。这艘舰艇在波士顿靠岸，以便安装新设备，他就是利用这个机会与我见面的。我为他安排首次乘坐 BT-15 飞机，这是一种用于飞行员仪器检查和多用途运输的飞机。我们围绕长岛上空转了一圈并做了一些特技飞行。他认为飞行很棒，但是他也坦承，还是在他的驱逐舰（DE）上感到更安全。

　　有一次，当我从一次空中射击训练中返回时，我们看到几艘驱逐舰和驱逐舰护卫舰在离海岸约 20 英里开展机动演练。这是一次低飞者无法忽视的极好机会。在后面 15 分钟，我们模拟了俯冲和从低空进行水平轰炸和对舰队进行扫射攻击。通过环绕机动演练他们似乎找到了此刻的精髓所在。我确信当局不会宽恕我们，但是我们从未听到有关对我们行动的任何反应。

　　6 月 2 日，我们返回布拉德利基地以便完成我们的 OTU 训练。在完成我们所有要求的最后冲刺阶段，基地高音喇叭播出欧洲诺曼底登陆日的消息。到 6 月 8 日，我们完成了所有训练，包括三个小时的夜间飞行。6 月 10 日，我们返回里士满，并收到装运并开赴英格兰的指令。6 月 16 日，我们已经到达了新泽西基尔默营的登船港，此处位于新布伦瑞克以北大约 10 英里。我们进行了另一轮疫苗接种，并通过经过一个充满催泪瓦斯房间的方式对我们的防毒面具进行检查。然后在不戴防毒面具条件下再次通过该房间。

　　6 月 22 日，他们让我们全体登上英国人驾驶的法国班轮路易·巴斯德号（Louis Pasteur），并在去往英国利物浦的途中从自由女神像边经过。登船的是约 120 名战斗机飞行员、20 名护士、一个炮兵营和几个其他的小型部队。我们横跨大西洋，没有护航的旅程花了 7 天时间。我们与炮兵官员进行了鼓舞人心的讨论——大多关于地面支援的角色哪个更优，是飞机俯冲轰炸和扫射还是炮兵——使得这次相遇的气氛很活跃。不久我们将会发现有关我们个体的局限性。但是，当我们学会与步兵团和装甲部队协同作战时，我们将成为一支不可战胜的队伍。

我们的第一个基地是在威尔士什鲁斯伯里（Schrewsberry）附近的阿查姆（Atcham）基地。阿查姆是一个典型的英国战时航空站，设有半圆营房和一个延伸的用于分散飞机的滑道系统。他们为我们发放了自行车，以便于我们出行。很快我们就经历了一连串的肘部和膝盖的脱皮问题。我们艰难地体会到骑自行车要比紧密编队飞行困难得多。

阿查姆是在被安排到作战部队前的最后一个训练基地。教官是一些在要回家度 30 天假期途中的战斗机飞行员。在等待返回美国的同时，他们向一群热情似火的新手最后一次灌输战斗飞行的基本知识。我们 4 个人抽到了一位飞行教官队长，他完成了其伴随第 56 战斗机团的旅程（我想不起来他的姓名了）。他描述了他战斗中的一些冒险行为，并警告我们要随时准备飞行，就像我们以前从未飞行一样。

对于我们第一次飞行，我们的教学内容就是查看该区域，以找到有关显著地标的方位。第二次飞行的教学很特别：我们做了他们告诉我们在训练时不要做的一切事情。直接停转笔直向上，旋转，并通常围绕其四周反冲以获得在所有飞行状态下的感觉。这对我们具有相当大的启示。按照指令操作，我发现 P-47 飞机是一种适应性很强的飞机。它能在 50 英里/时以上速度下完成倒转。外展旋转不是太剧烈并在大约一圈内恢复。获得的一个重要事实（尤其当在低空完成剧烈机动操作时）是在遇到高速停机前飞机提供一个 5～10 英里/时的强烈预警式抖动。即便是快滚也不是太剧烈，如果是在 250 英里/时以下完成的话。

对于第二次飞行，队长指挥我们在激烈竞争（空战）时紧跟他行事。我一生中从未如此卖力过，最终不得不用双手操作操纵杆，因为我的右臂已经完全疲劳。我跟紧他完成大多数他所称的"战略机动"；但是，曾经犹豫过一次。当时我们以 220 英里/时的速度在离地面 2000 英尺的地方，他做了一个半滚和滚转机动。当时我没有紧跟他，我只是在周围转圈，我眼睛一直紧盯他以找准他的坠地点。让我惊讶的是，他居然轻松拉平。我认为这是不可能的，但是根据我的直觉通过操纵杆拉回应该可以做到。我尽力去做了，且确信我成功了，尽管我当时曾经昏过去好几秒钟。飞机的反应如此准确及时，确实让我惊讶。而且，让人紧张不安的是飞行员过载，即便是在倒飞俯冲时点火启动。在之后的授课中，他解释说：当"杰里"（敌机）在尾随我们时，我们应驱动飞机到达甚至超过其极限范围。如同被德军子弹击中一样，我们也可能撞机死亡。

　　几天以后，我们了解到了飞机响应性良好和容易操控的特点。地面学校向我们简单介绍所谓"舵栓锁紧"的状态，其中舵被锁在一个不可移动的满舵位置。我们被告知这可能发生在刚到达的是有新的泡状座舱罩的 P-47 型号飞机。在过度侧滑时，泡状座舱罩湍流偏移到舵的一侧，打破了舵的压力平衡，并形成舵锁。为了防止该事故，应尽快安装一个小的脊翅；但是飞行将继续进行。如我们发现自己处于此境况时，我们要加上全部马力并使得螺旋桨滑动气流再对准座舱罩湍流。在我的全部战斗过程中，我从未飞过一架安装有脊翅的 P-47 飞机。

　　在那次简要介绍后，我再次飞上蓝天。那次我们驾驶一架新的泡状座舱罩飞机进行模拟空战。在机动时要停留在另一架飞机尾部，当翻滚俯冲时，我穿层控制和诱发一个大侧滑。突然，方向舵脚踏板趋向满舵，飞机剧烈翻滚，使得机头从水平急速变动到超出垂直面的位置。我立刻知晓发生了什么并加足全部马力。到我完成了两个剧烈快滚时，舵控制系统恢复功能，我以 45 度俯冲恢复，在机动过程中大约损失了 2000 英尺高度。我没有停留在我前方飞机的尾部，但是在飞行后我后边的飞行员想知道我究竟做了什么导致我的飞机从他的视野里彻底消失。我始终认为那是一个杰出的最后逃脱动作，但是我永远不会再重复这个动作。最近刚刚经历过从这种最不寻常的飞机机动操作中获救的惊险一幕，从此意料之外的状态下获救几乎是家常便饭①。

---

　　①　我提到这一年以前访问共和航空公司的科斯塔斯·（古斯）·帕帕斯（Costas（Gus）Pappas），他一直是 P-47 的主任空气动力学家，他对这么长时间才安装该装置非常生气，说道："我们工作了这么长时间设计出装置，可是空军就是不愿意安装。"

在一个疾风暴雨的日子，我的教官坚定地让我明白这样的事实：我们现在处于战时环境。有一次，我没有为预定飞行及时赶到航线，因为我认为我们不会起飞。我遭到一顿痛骂并警告我们如果有计划就应飞行，无论出现什么样的天气。在布里斯托尔以南威尔士然后是靠近伦敦东面的低空编队飞行生动展示了有关战争的另一方面，只能待在被称为"潜水员区域"的限飞区以北。这是德国V-1飞弹轰炸的开始，此时潜水员区成了一个高密度防空排炮射击所有低飞飞机的区域。它相当于飞弹开始其末端俯冲到英格兰南部目标的区域①。当飞过英国乡村时，我被沿途堆积的大量战争物资所震撼。它们挤满了每条道路，停放有车辆、坦克、卡车、吉普车、救护车、各类枪支等。全部农田堆满了战争物资。世界大战的后勤保障简直是让人惊叹。它是人们可以想象到的设备和物资的最令人敬畏的展示。

我认识到在这些战斗飞行员指导下学习所得的经验对于在即将到来的战斗环境中的生死存亡极为重要。我，作为其中一员，对于他们的专业指导万分感激。我们飞行员为获得这些经验也付出了高昂的代价。我知道在一周内我们曾由于撞机损失了几位飞行员。但是训练要继续进行，没有削弱和减少。我又获得了26小时的P-47飞行时间，并最终为进入战斗部队做好了准备。我合计飞行时间达到了329小时，其中P-47飞行时间为100小时。

飞行不仅是持续的训练。在地面学校，我们讨论了空战的战术，并观看了一卷又一卷的战争电影并进行了评论。大多数电影显示出靠近和正好在敌机后面必然会送命。我们坚持观看了有关空中/海上救援操作、紧急程序和逃生的简介。我们练习摆脱降落伞背带，为我们的海上救生背心充气和在游泳池内布置救生筏。他们拍摄了逃生的照片，并由我们自己亲手安装了我们的装备。

讲座谈到了逃走和躲避的后果和德国当局可能施加的报复，这使得我极为担心，因为我的亲戚就住在比利时。我问了一些问题，如万一我被击落和

---

① 本杰明·金（Benjamin King）和提摩西·库塔（Timothy Kutta），《影响：第二次世界大战德国复仇武器史》（纽约洛克维尔中心：萨耳珀冬，1998年）。

俘虏后我该做些什么？来自教师的回答不是很令人鼓舞，强烈建议在任何情况下都不应承认我有亲戚在比利时。在战争的那个时候，德国当局正变得绝望，而没有履行日内瓦公约的要点。他们能给出的最佳建议是，"不要被击落"，很明显，这完全超过我的控制范围。

第3章　法兰西之战

就在我们到达法兰西的时候，一场大规模空战最终打破了包围诺曼底滩头阵地的德军防线。我们都在摩拳擦掌，已做好准备为打败敌人贡献自己的力量。训练是好，但是这次是动真格的！

在我们近一年的培训期间，大多数人都有了几个特殊朋友，并希望在培训结束时我们能被安排在同一战斗机集团。空军指挥员了解到大家想有一个铁哥们分享思想和梦想的需求，所以他们设计了一种特殊制度，以尽力容纳大多数的替换者；他们采用一套抽签程序来为第8或第9空军战斗机集团分配人员。他们张贴出各集团的空缺数量，并通过帽子抽取名字。然后被抽取的各飞行员选择其中意的集团，并希望在其填充该组配额前他的铁哥们也能被抽上。人们首先选择第8空军集团，因为我们大多数人首选护航和空对空格斗而不是战术地面支持。当结果出来时，我和查克·本内特（Chuck Bennett）、迪克·唐赛勒（Dick Tanselle）这些训练全程中的铁哥们被成功地分到了同一个集团，被安排到第9空军第366战斗机集团。所有人都被告知，9名替换飞行员被派往位于法国诺曼底A-1跑道的第366战斗机集团。

1944年7月30日，我们与好友和同学们互道再见和好运。通常是诸如"勒布尔热机场（巴黎机场）见"或"柏林机场见"之类的寒暄。坐火车到达伦敦，在V-l飞弹攻击下晕头转向，我们就是这样进入实际射击战区。我们在伦敦停留了一夜，看到了风景名胜，时而会听到V-l飞弹的爆炸声。我很惊讶在这样空袭的环境下人们居然能平静地生活，有些人几乎不会抬头观望寻找V-1飞弹越过头顶时断续嗡嗡声的来处。第二天，7月31日，一辆不太长的公交车将我们运送到克里登基地，以便从那里乘坐第9运兵指挥机C-47通过海峡到达法国。他们要求我们将美元换成法国法郎占领军货币（防止黑市交易），然后我们登上一架部分空间已经装载了货物的飞机。C-47飞机似乎已经超载，载运货物和我们约 15 人以及我们的所有装备。每人都有一个 B4 大小的包，一个飞行装备 A3 大小的包和一个军用提箱。我猜想那时飞机超载很正常。

厚厚的云彩使得我们无法看到诺曼底登陆海滩或法国自身。C-47 飞机减速下降通过云层并吸引了防空炮火（我没有看到）。然后他又立即拉起返回到云层并返回英国。我们被困了两天，最终于 8 月 2 日在诺曼底一个布满尘土和野草的着陆跑道着陆。一辆吉普车将我们运送到驻扎第 366 集团的 A-1 跑道。

第 366 战斗机集团是第 9 战术空军司令部（TAC）的一部分，由少将埃尔伍德·R. 克萨达（Elwood R. Quesada）指挥。第 366 战斗机集团包括第 389、第 390 和 391 三个中队。他们安排我和查克·本内特到第 390 中队，迪克·唐赛勒和其他人到另外两个中队。集团指挥官为哈罗德·N.（诺姆）霍尔特（Harold N.（Norm）Holt）。克劳·史密斯（Clure Smith）少校（即所有人所称的"总指挥官"）指挥 390 中队。詹姆斯（巴尼）巴恩哈特（James（Barney）Barnhardt）少校（后来我与他混得很熟络）为运营官。第 390 中队飞机字母代号为 B2，第 389 中队飞机字母代号为 A6，第 391 中队飞机字母代号为 A8。

第 366 战斗机集团于 1943 年 6 月 1 日在弗吉尼亚里士满空军基地启动。他们在 1943 年的剩余时间一起训练并在 1944 年 1 月到达英国。他们的战斗基地位于南安普顿北约 25 英里斯拉克斯顿的第 407 号航空站。2 月中旬，6 个飞行员与第 8 空军第 353 战斗机集团一道进行了一场战斗飞行。基斯·奥尔辛格（Keith Orsinger）上尉（第 366 集团运营）是第一个阵亡者，在其服役期间的一次空战中，其飞机被击落，并光荣献身。第 366 集团的战斗飞行开始于 3 月 14 日，当时该中队一架战机掠过法国巴约-圣奥滨（Bayeux - St. Aubin）地区。3 月 15 日，第 366 集团发起第 9 空军的第一次战术攻击，通过俯冲轰炸圣·瓦莱丽机场（位于法国海岸，在勒阿弗尔和迪耶普之间）。从那时开始，他们主要参与为轰炸机护航、俯冲轰炸和用战斗机袭击法国、比利时和德国的任务。有几次他们与德军飞机遭遇，与他们陷入空中混战，并击落数架敌机。我们也遭遇了损失，使人们深切感受到战争的残酷现实。

来自第 390 中队的中尉乔·海尔（Joe Hair）是在 366 集团成立后的第一个受伤者。他是在 1944 年 3 月 17 日其第二次执行任务期间被一架 FW 190 飞机击落的。他的那条受重伤的腿被德国医生截肢。我是在 1978 年重聚时第一次遇见他的，即便拖着一条义肢，他仍坚持返回一线继续战斗，并在退役后在阿肯色州开始其自己的喷洒农药工作。

到诺曼底登陆日时，第 366 集团已经是一支有经验的战斗集体，并通过提供前线支持，在登陆期间发挥了重大作用。在登陆日当天，其任务是从 4 点 20 分（漆黑起飞）开始飞行，直到第二天早晨 1 点结束。在诺曼底重要地面力量逐步建立期间他们一直维持该计划。最近我有机会听到当时参与此任务的几个飞行员对这些任务的回忆录。诺姆·霍尔特（Norm Holt）回忆起当年的情形，那时参与的飞行员似乎感到更加勇敢并决心要在危险低空投下他们的两个 1000 磅炸弹，以摧毁指定的目标①。总指挥回忆起在执行一项任务时他们在 22 点 30 分起飞，并在凌晨近 2 点的黑暗中返回机场。由于有导航辅助，机场附近的探照灯将指向跑道；但是，在返回英格兰时，飞行员发现几十个探照灯指向所有不同方向。他们也确信防空气球将会降落，但是有些人没有得到命令，他们不得不绕来绕去废了好大劲才能返回。总指挥说那真是漫长的一天。

A-1 跑道（即第 366 战斗机集团的驻扎地）正好位于海峡岸边，俯瞰着奥马哈海滩。它位于圣皮耶尔迪蒙城区内，位于被猛烈轰炸过的著名的奥克角（其地形延伸进入海峡）以东约半英里（奥克角因为第二骑兵营在诺曼底登陆日的奇袭而名垂千古，当时骑兵营越过悬崖峭壁并击败了德军守兵）。5000 英尺的跑道为东西走向，并包括英国当年建设机场采用的大型钢丝网围栏。其官方名称为"钢网马斯顿垫"；但是，我们永远称之为"细铁丝网围栏"。在该跑道被弃用后，当地农民打捞了这些铁丝网，即使在今天，沿线重新生长的绿篱和农田仍然到处充斥着钢丝垫的栅栏线，这也确认了我们对此钢丝网的命名。

---

① 哈罗德·N. 霍尔特上校，《掩护纵队》，美国航空史协会期刊第 28、29 期（1983年冬季）：42~233 页和第 29 页（1984 年秋季）：3~15 页。

第 9 空军第 834 航空工程队建设了该跑道。在诺曼底登陆日当日登陆奥马哈海滩的桑迪·孔蒂（Sandy Conti）（一名第 834 中队的工程师）在我们的一次重聚时说出了 A-1 跑道建设的如下故事。工程部队在诺曼底登陆日登陆时只有很少的设备，没有任何机场建材。为了在开始 A-1 建设工作前保持可用，他们在海滩上挖出了一条 3500 英尺的应急飞机跑道。孔蒂抱怨"我们最大的问题就是首先在选定区域内清除数百个地雷和诱杀陷阱"。到诺曼底登陆日时，该跑道被命名为 E-1，并被 C-47 飞机用于运进应急物资和疏散伤员。在此非计划 E-1 长条飞机跑道上降落的首批飞机就包括奎萨达（Quesada）将军驾驶的 P-38 飞机。当在诺曼底登陆第 3 天该地区几乎没有了顽强抵抗的德国守兵时，我们开始了 A-1 跑道的建设。即使那时工程师们还必须躲避炮火和狙击手的袭击，但是袭击德军飞机的防空炮弹碎片是造成伤亡的主要原因。"那些坠落的该死的弹片给一些同事造成了严重伤害"，孔蒂说。此跑道的施工昼夜不断地进行，夜里采用泛光灯照明，因为"德国人知道我们的准确位置"。他们推平了绿篱并布设了铁丝网。他又抱怨说，"我们恨死那个该死的马斯顿垫了，因为我们无法将其铺平；桩会拨出且它会再卷成一团"。当完成该跑道施工时，大约是 6 月 18 日（即诺曼底登陆后第 12 天），第 834 中队继续向前在诺曼底又建造了三条跑道，并随着前沿阵地推进，将数十个占领的机场进行了翻新。

他们说不毛之地上铺设的马斯顿垫被（起飞时）巨大的尘埃云团的冲刷力所破坏。为了减少尘雾，采用一种重沥青纸在垫子上加衬板的方式进行了改造。这使得地勤总管可以在螺旋桨上推尘雾量减少的情况下检查发动机。一些维修区域甚至安装了美国穿孔钢板。

6 月 14 日，当 389 中队在部分完工的 A-1 跑道加油和装填弹药时，第 9 空军从诺曼底滩头起飞首次执行任务。后面 4 天，一个中队或两个中队将在诺曼底登陆并从那里执行飞行任务。366 集团的大多数支持人员于 6 月 18 日到达 A-1 跑道，并在 6 月 19 日实现 A-1 跑道的全面运营。366 集团和 368 集团于 6 月 19 日同时实现 A-3 跑道的正式运营。

我们来了——一群新毕业的飞行员准备作为一支著名部队的一分子加入战斗飞行团。我们内心充满了激动，同时夹杂着首次执行飞行任务的紧张。

我知道我紧张害怕，但是我要履行职责。霍尔特上校与我们进行了愉快、适宜的交谈，他坦率地警告我们，战斗飞行实际上很危险。但是，他强调，大家辛辛苦苦掌握的防御措施将增加我们能幸存下来的机会。我们的飞行领导将把这些教给我们，所以，鼓励我们聆听他们的教导和提出问题，如果我们不理解这些指令的话。他同我们握手并热心地劝导我们要坚守该集团确立的优秀成绩和传统，他让我们解散并分别到我们的各自中队报到。

当我熟悉了他并与之共事时，我发现霍尔特上校是一个充满活力的领导者，他了解执行地面支持任务的固有隐患和风险。他不满足于坐在办公室里发号施令，而是与我们一起飞行，包括执行一些最艰难的任务。他累计执行了 156 次飞行任务，超过我们中的任何人，也超过第 9 空军中的其他集团指挥官。毫不奇怪，他被上级选定领导 500 架战斗轰炸机袭击任务，这预示着从诺曼底突发对德国前线大规模空袭的来临。

中队宿营地距离运营区域大约半英里。他们在一家老式面包店建筑物内为我们提供食宿，这家面包店内有一个烧木柴的炉子。这是一个典型的老式两层楼建筑，有大约两英尺厚的砖墙和厚重的木地板（当我在 1995 年访问该地区时那个老建筑依然存在）。我们 4 个人居住在楼内，所有其他飞行员住在帐篷内。在法国的第一夜在平静中度过，直到大约凌晨 2 点，我们全部被重炮射击声音所惊醒。当时德军正在空袭，沿着下一个绿篱墙是大型防空炮台。所有飞机对海岸开火，海峡内舰船齐发，这是多么喧闹和壮观的场面！德国人在海峡内丢下了几枚炸弹，几分钟内一切又归于寂静。我注意到很多飞行员聚集在我居住的老式建筑旁，观看这一壮观景象。原因很快变得明了，因为现在可以看到所有炮弹碎片四处乱飞，穿过树林。这是我在法国第一夜难以忘怀的一幕。

在后面几天，我和查克观察了中队的运作。圣罗突破正在进行，由乔治·巴顿（George Patton）中将指挥的美国第 3 军将开始结束对诺曼底海滩进行包围的德军的布局。气候允许的话，我们的飞行从凌晨持续到黄昏，或从该晚夏期间的大约 6 点半到 22 点。空军当时采用了英国时间。法国时间要早一个小时，因为他们的时间以中欧时间（柏林时间）为基准（根据纳粹法令）。

P-47 有三个挂弹钩，每个机翼上有一个，另一个在飞机腹部。每个挂钩能携带一个 1000 磅炸弹，但是在 A-1 跑道处的常规军备是两个机翼安装的 500 磅炸弹。有时采用全部三个挂钩，采用 500 磅炸弹和 260 磅杀伤弹的各类组合形式。偶尔被取代的是两个破裂集束炸弹，每个集束弹由 24 个 10 磅的破裂弹组成。此外还有 3000 发点 50 口径弹药（可以持续发射 25 秒）。一般由 8 架或 12 架飞机执行任务，大约持续 1.5 小时。大部分时间被用于战斗区域，因为前线仅仅相距几分钟行程。由于需要 4 个活跃中队占据战场，故我们要使得飞机连续着陆或起飞。

从英格兰混凝土跑道飞行将携带两个 1000 磅炸弹，一般足以炸毁一个碉堡。在法国瑟堡战斗中，他们发现 500 磅炸弹直接轰炸无法完成此工作。A-1 机场短且崎岖不平，机翼上无法携带 1000 磅炸弹。如果尾翼安装在中心线上，则会产生尾翼阻力。在走投无路的情况下，他们把尾翼卸下，但全中队投下的炸弹中仅有一枚炸弹爆炸。另一组切掉一个尾翅，这样它将不会产生阻力，那样做是成功的。

我们小组替换时间到来时，螺旋桨尾流已经侵蚀了马斯顿垫下的地面，使得跑道极端崎岖不平。松散的垫子在轮子前卷起，经常导致飞机起飞时严重停滞以至吸进空气，除非一阵风刮过跑道，第一次飞机起飞时的尘雾太厚，以至于后续飞机飞行员要依赖于仪表（的指示）。

第 366 集团（驾驶 P-47 飞机）占据 A-1 机场的海峡一侧。在其战斗机跑道完成之前，第 370 战斗机集团第 401 中队（采用 P-38 装备）临时驻扎在另一侧。我始终想飞 P-38 战机，因为它是一种特别时髦的战机，而 P-47 看上去则像一个怀孕的古比鱼。但 8 月 7 日，我目睹了一架 P-38 飞机因为机腹着陆而被严重损坏，其中左发动机变得四分五裂，起落架从半空中挂下来，这些改变了我对驾驶 P-38 飞机飞行的想法。随着飞行员着陆，转动螺旋桨的右发动机在发动机箱处分离，并径直移动到驾驶舱，勉强避开驾驶员。飞机滑到了岔道，折断了尾架，这就是全部损失①。

---

① 哈罗德·N. 霍尔特上校，《掩护纵队》，美国航空史协会期刊第 28、29 期（1983 年冬季）：42~233 页和第 29 页（1984 年秋季）：3~15 页。

我遭遇过几次 P-47 战机腹部着陆，每次随着发动机关机和飞机滑动到慢慢停止时螺旋桨会弯曲。它仅需战斗损坏修理和更换新发动机、螺旋桨和腹部壳体，便可以再次飞行。在 P-38 战斗机中安装两个液冷发动机所增加的安全（性）远远超过在 P-47 战斗机中安装一个坚固空冷发动机的安全性。我看到一架 P-47 飞机发动机上承受了 20 毫米防空炮弹的攻击，一个汽缸脱落，两个其他汽缸后仰，这导致活塞连杆折断，然而发动机继续保持无油运行，将飞机开到 50 英里外的基地。该飞行员（我认为是艾尔·詹宁斯（Al Jennings）） 安全着陆，甚至滑行到其护坡区域。P-47 飞得越多，看到其损坏得越多，我们反而越喜欢它。

在观察了 5 天后，查克和我按计划进行了飞行。这次仅是一次巡航定向飞行，不是战斗任务。难道你不知道，我第一次起动发动机时，当时战斗机集团地面组员在一旁观看，我先是忘记为惯性飞轮通电，并切换起动器到啮合状态。当然，我在看到螺旋桨转动的一瞬间就改正了我的大错。但是这不是可增强地勤人员信心的好运的开端。我们进行 4 机飞行起飞，查克和我与有战斗机经验的飞行员一组。我们忙于挂炸弹，当时满载 3000 发的弹药。能够利用全部军用动力在起飞和爬高时确实大有不同；飞机似乎向前大步跨越。我们围绕全诺曼底周边飞行，从瑟堡到卡昂到位于阿夫朗什的圣米歇尔山。我有两次以上以 15 度角进行定向飞行，聆听和观看我们小组对前线的俯冲轰炸和低空扫射。查克和我都急于用我们的第一次战斗任务来证明自己。

各中队的无线电呼叫符号为：第 390，"遗迹（Relic）"；第 389，"潦草（Slipshod）"；第 391，"猎狐（Foxhunt）"。如为一个以上中队的集团任务，集团领导的呼叫符号为"鲁伯特（Rupert）"。一个中队的 4 架飞机的前导飞行（飞机）代码为"红色"，第 2 飞为"黄色"，第 3 飞为"蓝色"和第 4 飞为"白色"。我们的控制塔被称为"牛蒡（Burdock）"。"赌金（Sweepstakes）"是 IX TAC 控制器，且 IX TAC 雷达控制器被称为"砂锅（Marmite）"。我们集团为考特尼·H. 霍启思（Courtney H. Hodges）中将指挥的第 1 军提供支持。

一次 12 架飞机（三次飞行）的中队任务（护卫 B-26 轰炸机到一个德国供应中转站（位于鲁昂和亚眠之间的中途）） 将我带入 8 月 10 日的战斗飞

行。作为遗迹黄色 2 飞行，第 2 飞长机的僚机，我们在 15000 英尺高度为在 12000 英尺高度轰炸的 B-26 轰炸机提供高空掩护。不考虑极度兴奋的紧张情绪，要不是由于在撤离目标时大口径重炮向我们连续轰击外，这次本来平静无事。此刻看到飞机喷出了黑烟，我赶快加大马力逃离。我领着中队飞了一会儿，直到我的飞行领导粗暴命令我返回到原来所属的位置。在着陆后，我的飞行领导解释道：大口径高射炮不是很大威胁，只要我们尽可能在几秒内改变方向或高度，因为我们是在数千英尺的高度上。因为我们处于 15000 英尺高度，每 15 秒改变方向（15 度左右）或高度（500 到 700 英尺）就够了。不论怎样——它吓坏了我。

在事后情况说明时情报人员问了我几个例行问题，是否看见任何不寻常事情或发生了任何其他事情。我对我们在第一次执行任务后能幸存下来激动不已，我的大脑一片空白，我记不得任何事情。然后中队领导对情报官员描述了事情的经过。B-26 实现对目标的很好轰炸模式，这造成几次大的二次轰炸。很明显，B-26 轰炸了某类转储仓库。情报官员在图纸上画出了射击我们的重型高射炮炮台区域。我认识到我还有很多需要学习的地方。此后，老飞行员笑着向我保证他们在第一次执行任务时也是一样的害怕和糊涂。我没有告诉他们，我甚至问了地勤总管我们要多长时间才能登陆在 1 号地段（要两个小时）。

但当我们聚集在英格兰基地时，飞行军医在任务后会在桌子上放上一瓶威士忌酒，以便要饮酒平静心情的各位飞行员可以自助。当集团搬迁到法兰西时，前线仅仅相距很短距离，执行任务时间也很短，所以一个飞行员每天可以飞三次或四次任务。一些飞行员总是很倾向于放纵，到下午就变得醉眼蒙眬了。他们停止了这种做法。取而代之的是，飞行军医记录跟踪我们的任务并向我们提供一瓶或两瓶（可能按每次任务两盎司[①]）威士忌酒，以便当我们获得战斗休假时让我们带走。我确信在我第一次任务后已经利用了一杯威士忌酒的镇定作用。

此时，集团忙于支持美国第 1 军，以牵制德国第 7 军要重新夺回阿夫朗

---

① 　1（美）盎司 = 29.574 毫升。

什重要道路和桥梁的行动。占领此位置将拦腰切断美国第 3 军（由乔治·巴顿中将指挥）。当时第 3 军已经冲到了阿夫朗什，要在德军位置之后呈扇形展开。由几个装甲师做先锋的强大德军已经越过了莫尔坦。当时由战斗轰炸机提供支持的第 1 军彻底打败了他们。德国人现在被挤压在美国第 1 和第 3 军之间的狭窄地带。

8 月 12 日的作战命令首次警示我们集团的另一次 B-26 护航任务，但是在最后时刻此任务被取消了。很明显，德军终于认识到他们已经处于巴顿将军第 3 军迂回进攻形成的包围圈的危险之中，并趁着白天不顾一切地抢占道路，试图逃窜。这些诱人目标实在太好了，是战斗轰炸机梦寐以求的，怎么能放过？所以在对战斗区域进行了武装侦察后他们向我们下达了命令。这意味着我们可以在命令规定的区域内自由搜寻和攻击随机目标。

我是埃米尔·贝尔查（Emil Bertza）的僚机，埃米尔·贝尔查是一个来自芝加哥的匈牙利裔的小伙子。那是我的第一次执行俯冲轰炸和扫射任务，事实上，那天他们是安排我进行两次地面支持任务的。埃米尔告诉我和他一起干，并轰炸和扫射他所攻击的区域。为了我们能申报一辆机动车"毁坏"，它必须要爆炸、燃烧或被扫射两次。因此他命令我扫射他已经扫射过的车辆，以便我们无须安排第二轮扫射就能申报其被毁坏。如果他扫射爆炸或烧掉的车辆，我就应绕过并扫射邻近目标。他还警告我在位于与他相反方向时要进行突变（从俯冲轰炸或扫射到转弯上拉）。这样迫使德军高射炮射击手凭其感觉旋转炮口，这样就增加了我们生存的机会。

在到达莫尔坦/东富龙目标区域后，我们发现一列德军运输车停在路边和周围农田里。我听到中队长通知马尔米特（Marmite）我们要发起进攻，然后他收到一个确认。我们离开机群，我跟随埃米尔下降，并在他旁边向公路丢下我的两个 500 磅炸弹。我知道它们击中了附近停在公路上的一列车辆，但是由于这是在敌人仇恨炮火之下执行我的第一次俯冲轰炸，所以高度紧张和激动，当时不知道我们是否摧毁了任何车辆。埃米尔然后选择一段公路，这条路上很多车辆挤在一处且乱作一团。我们对这群目标安排了俯冲模式。俯冲向下，在一辆车上方排成一行，给它一个短爆，然后进行转弯上拉再次回头，并进攻排成一线的下一辆车。我紧跟他，与他的飞行路线稍微侧向错开，并扫射他已经扫射过的同一辆车，尽管我对我们周围的一切飞舞的火球和爆炸非常恐惧。当他急转向右时，我向左，反之亦然。我们然后合兵一处进行下一轮扫射，通常从不同的方向。我们周围所有飞机都是扫射飞机，似乎在其各自路段标桩立界。

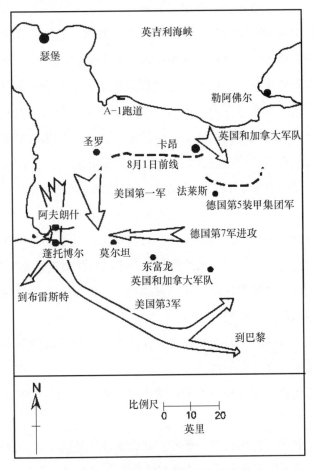

1944 年 8 月 12 日诺曼底战争态势图

我第一次收到让人安心的惊喜：我拉动扳机并看见来自 8 架点 50 口径（0.5 英寸）机枪的全部曳光弹喷流直下。这是我第一次用 8 架机枪开火，在训练时我仅用了 4 架机枪。这给了我一种能对敌人给予毁灭性打击的力量感。我们采用一种2-2-1的装药方式，即两份穿甲弹、两份燃烧弹和一份示踪弹。因此，在各示踪弹之间我们看见有 4 种其他的子弹射出。我们的每架机枪都被设定为每秒射出 14 发子弹，所以，从枪筒里真正喷射出火舌。

在飞行通过强大的高射炮火时我完成了一轮扫射，并在埃米尔相反方向突破，我没有找到他联合进行我们下一轮扫射。正当此时我听到在 A 点（一个预先指定的显著地标）的 10000 英尺高空处列队重新汇合的命令，我离开了该区域，并在与中队汇合后飞回了基地。

埃米尔是中队的初始成员，自在美国成立时就在这个中队了。他是一个快乐和讨喜的小伙子。在事后情况说明时，我解释说我没有看到他下降或在地面上有降落伞或飞机。我确实不知道他发生了什么。埃米尔一直教导我为了我们的安全要改变突破方向。德国高射炮手不会充分前置其目标飞机，并在瞄准第一架飞机的同时他们通常击中的是第 2 架，如果它是呈一列纵队尾随第一架的话。在易受攻击的低海拔高度时改变突破方向，增加了幸存机会，但是或许有 15 到 20 秒时间段我们没有目光接触。在此期间，他被击落了。无线电的抖动问题（我们这么多飞机仅有 4 条无线电信道）或许阻挡了他可能已经发出的快速报告。原中队飞行员对我这么一位小小的中队替补充满敌意，尽管如此，究竟发生了什么致使至少一半飞行员被击落完全是一个秘密。

当向他人叙说这个故事时我总是被质问，"你怎么会没有注意到打开的降落伞和坠落燃烧的飞机呢？"我对此回答如下：

（1）我们在那种不利环境中保持高速飞行，这种环境随后覆盖了大量的地面，周围地区很快就看不到了。

（2）由于地面很多车辆燃烧的烟雾导致能见度受限，这使得识别一架燃烧的飞机变得不可能。

（3）这是我第二次执行战斗任务，我确实还不是一个久经战阵的老手。

当 6 天后他再次出现后这种情况有所缓解。他有过怎样的冒险经历啊①！

就在埃米尔从扫射上拉时他被地面炮火击中。他的飞机开始剧烈燃烧，所以他从 2000 英尺成功跳伞。在降落一片开阔地上并丢下他的降落伞后，他全速奔跑并隐藏在一些灌木丛中。他用他的点 45 口径半自动手枪射击一个德

---

① 报告全文列于 1944 年 8 月 18 日的《第 366 战斗机大队作战行动报告》，可以向亚拉巴马州麦克斯韦空军基地的空军历史处借阅。

国士兵（且没有打中）。当他们采用自动武器还击时他举手投降了。俘虏他的是附属于德国第 2 装甲师的一个炮兵部队。几个其他美国人和一个英国飞行员（F/O 基尔帕特里克，103 中队，446 僚机）也做了俘虏。

那天晚上，被囚禁的犯人要随转移的炮兵部队撤离，这个炮兵部队要尽量向西撤退。在转了一个圈后，在夜里 1 点又回到他们开始的同一个地方。早晨 6 点他们再次上路，并随一个由卡车、坦克、马车和炮兵部队组成的庞大车队向东撤离。9 点 30 分，他们将车辆散布在田地里并将犯人锁在一个小屋内。15 点时，P-47 飞机发现了他们，正像埃米尔描述的那样，"轰炸和扫射对德国人就是一场浩劫。他们似乎士气低落，并向各个方向分散逃窜。在混乱中，我们所有犯人都趁机逃离，并向西北跑了 400 码①，然后隐藏在一个绿篱墙内"。

当时我们隐藏在绿篱旁边的沟渠内，一个中士带领 6 名德国空军士兵找到了他们。德国士兵很友好。埃米尔能说一点德语和法语，这为他的奇遇提供了极大的帮助。当他用德语向他们说话时，他们想要向他投降。这些空军士兵在卡鲁日的圣·萨韦奥（San Saveaux）隐藏了一辆卡车（相距大约 3 英里）。但是要到达那里他们必须要穿过德国党卫军装甲师的地盘（该部队可能是臭名昭著的第 2 党卫军装甲师，一般称为帝国师）。美国人能通过党卫军地盘的唯一方法就是让他们当这些空军士兵的俘虏。他们都同意这一骗术，并由全副武装的德国人护送被解除武装的因犯接近党卫军装甲师的总部。党卫军军官要接管这些因犯，但是这位空军中士坚持他接到命令必须将因犯带到纳粹空军总部（埃米尔承认这是全部冒险经历中最可怕的一幕）。在激烈的争论后，党卫军军官最终让步，让他们通过。

接近午夜，他们最终找到了卡车，车内装有食物，那一夜他们都饱餐了一顿。那一夜他们就睡在那里。第二天早晨，他们试图发动卡车，但是没有成功，所以他们随身带上一些食物向北步行，逃向阿尔让唐。在向北走了大约 4 英里后，他们在一个牲畜棚内避难。警戒哨报告有一队由一个军官带领的 25 名德国士兵正在靠近。埃米尔认识到骗局可能会露馅。他将会被再次俘

---

①　1 码 = 0.9144 米。

房。但是，他还是大胆地走到这些德国人面前，并用德语与这个德军官交谈，这个军官问埃米尔是否为美国人。当埃米尔回答是的时候，他们交换了姓名和军级并握了手。凭直觉，埃米尔问他们是否为奥地利人，他们给出了肯定的回答。结果这一队士兵也想投降，所以埃米尔将他们带到其他人待的牲畜棚内，并按照德军配给量向他们分配食物，这些食物是从当天早些时候的那辆废弃的卡车里取得的。当埃米尔对该区域简短侦察时，他遇到了一个穿着法国三色服并携带来复枪的少年。这个少年告诉他一队法国装甲队伍刚刚经过这里。大约一个小时后，埃米尔遇到了法国第 2 装甲师的士兵，并将他的俘虏转交给了他们。然后他离开同伴并开始搭便车返回 A-1 跑道，并于 8 月 18 日到达。他花了 3 天时间，因为他不得不绕个大圈行走，以防止第 3 军的车流穿过阿夫朗什缺口。

埃米尔的归来某种程度上证明了我无罪，但是团体的怨恨还是持续了很长时间，直到我们（不仅是我，还有其他替换者）用实际行动证明我们的勇气。在过去 8 周的连续战斗中，集团已经承受了重大飞行员损失，所安排的大约 90 位飞行员中已经损失了 31 位。巨大的损失使得剩下的飞行员们感到震惊，他们的憎恶和嘲笑是可以原谅的。在 40 年后的一次重聚中，当我们围坐一起回忆往事时，几个原飞行员为当年他们对待替换飞行员的不当言行进行了诚挚的道歉。道歉得到了谅解，他们的言行可以理解，因为我们是来到这个集团替换他们被击落的战友的。在 1944 年 6 月到 7 月战斗期间的伤亡是整个战争期间最惨重的。

后面几周的任务是集中进攻被称为法莱斯口袋（由美国第 3 军在南面，第 1 军在西面和英国第 2 军在北面形成的口袋）内的敌人目标。该包围战因位于法国法莱斯镇而得名。屠杀的惨烈程度是难以置信的。车辆一辆接着一辆塞满了公路，并杂乱地停在田间地头。因为很多飞机在此小区域内攻击，必须要排队轮番轰炸。我们就是德军的复仇女神，并使此弹丸之地成为了一座人间地狱。

埃米尔反复强调德军"实际上害怕攻击机"。我们知道他们称我们"攻击机 Jabos"（Jadgebombers 的缩写，或战斗轰炸机），那种"注意攻击机"的喊声就会导致及时的反应。步兵马上扑倒在地并争夺有利保护地形，驾驶员和乘客从行驶的车内跳到沟渠内，甚至装甲车也是全速逃命以寻找庇护所。被俘的德军士兵说我们攻击机是"西部战线最恐怖的武器——它们是艾森豪威尔（Eisenhower）的秘密武器"[①]。即便是德国的冈瑟·冯·克鲁格（Hans Gunther von Kluge）将军（西线和B集团军的总司令）也哀叹，"敌人的空中优势太可怕了，几乎扼杀了我们的每一次行动。人员和装备的损失无法形容[②]。"

　　每次飞行任务执行得尽可能地快。由于每次都是一样的，故任务介绍时间很短。每天列出一个清单，上面列出可假定为敌人和可能要立即攻击的任何车辆所在的道路。例如，8月11日的行动指令列出正好位于东富龙以东的安第斯山脉中的9条道路和十字路口，有关无须进一步识别就可以攻击的车辆和军队。此条指令在白天时间适用，有效时间到8月12日。行动报告（任务报告记录）显示，在一次派遣到该地区36架飞机的集团行动后，他们炸毁了36辆车、两辆豹式坦克和5台半履带车上的自行火炮，并炸毁了另外33辆机动车。另一次报告显示我们的12架装有一个500磅和两个260磅杀伤弹的飞机在同一地区炸毁了4辆坦克和19辆卡车。这些攻击区域就是位于我与埃米尔（我的飞行队长）失散的相同区域。他那时经历了P-47战斗轰炸机受到地面攻击的冲击和恐惧。我们的攻击尤其集中在德军的逃跑线路上。德国人称这条逃跑通道为"Jabo Rennstrecke"（战斗轰炸机跑马场）[③]。

　　在任务介绍会上，中队领导宣布一架飞机上安装了传单容器（而非炸弹）。携带传单的可取之处是他们可以在3000英尺高度释放，以便传单有时间分散开来，而不是1000英尺的正常投放炸弹的高度。当我到达我的飞机时，我发现我的飞机上就是安装了传单容器。我对此不是特别高兴，因为我要在经历敌人凶残的炮火攻击的情况下仅仅就给他们抛下一些传单，但是至

---

　　① 《小心战斗轰炸机：第九战术空军司令部的故事》，第二次世界大战欧洲战场上空的星条旗（可能是关于1945年1月的事迹）。

　　② 同上。

　　③ 威廉·B.布吕尔（William B. Breuer），纳粹陆军的末路：法莱斯包围圈（纽约：斯蒂姆-戴依出版社，1985年），第281页。作者描述了战斗轰炸机对包围圈内的德国部队的致命打击。

少我还可以用我的机枪射击。在执行此任务期间，我感到有点虚伪。因为我扔出一些传单，这传单上注明我们保证优待俘虏以督促敌人投降；与此同时，我们还要对他们开枪射击。我不知道这些传单是否诱导了德军士兵投降。

我飞的巴尼·巴恩哈特（Barney Barnhardt）少校的大僚机，当时我犯了一错误，试图一次性扫射排列在公路上的所有车辆，甚至试图跟随他们绕弯子。巴尼断然否定了这一想法，要求我每次集中火力在一辆车上，这让我回到了现实中。事后他解释道，确保击毁一辆车要比大面积散射和不知道究竟打中了何处要好得多。我们必须瞄准和对每辆车进行开火，且不要受影响或采用示踪弹瞄准。示踪弹在飞行过程中燃烧，则改变了子弹的重心，且由于空气动力学和陀螺仪力量变化原因可能导致其在飞行时偏离。我猜想好莱坞电影（而非战争现实）仍在影响着我。尽管巴尼发出了警告，但是我发现看到曳光弹击中目标也是值得的，尽管我有时看见它们分化成螺旋轨迹飞向他处。我一直作为巴尼的僚机执行很多飞行任务，直到几个月后他完成其战斗旅程被送回国度假为止。在我的全部战斗生涯中我发现老的战斗飞行员将新来的飞行员护在羽翼之下。没有计划，也不是鼓励这样做的，但是似乎真的发生了。巴尼是我的导师，我一直尊重并感激他的稳定影响和他在培养我适应战斗飞行时的及时建议。

不定期地，中队或集团会停工一天，以便让机械师进行飞机维护和工程师修理跑道。天气有时也会偶尔让我们放松一下。由于无处可去或无事可做，我们开始在超过沿岸地雷的海滩障碍物上练习射击。沿着海岸线的沟渠和防御工事内遗留很多德国毛瑟枪，沿途遗落很多箱子和弹药箱。我们要坐在悬崖上并对 300 到 500 码开外的地雷障碍物开火。我从没有引爆一个地雷，但是偶尔一个同事很幸运并会引爆一个。当海军抱怨四处反弹的子弹将会使得那些在离开海岸大约一英里的轮船上卸载日用品的工人心烦意乱后，这一练习不得不戛然而止。

编入我们中队的小伙子是一群很棒的战友。除了有机组成员照料我们飞机外，我们平时很少与他们联系。他们对我们十分尊重和体贴，不仅因为我们是军官，而且因为我们是那些奋勇杀敌的人。我意识到这一点是在一个从晚班任务返回后的闷热的晚上。我又渴又累并极度饥饿。让我极度懊恼的是我的小食堂是空的，且当我走过去到淡水箱打水时，我发现水箱也是空的。几个士兵在附近闲逛，当他们看见我缺水时，主动要我到他们的食堂去取水。接受他们的好意后，我站在那里并与他们简短交谈了几分钟。我发现他们对于我在此中队的日常情况极为在意，如果我遇到任何问题他们会提供帮助。我始终认为他们是一群最棒的战友，我与他们从未发生任何争执。

我们食堂的食物就是典型的军用食品，水蛋粉、剁碎的食物和其他罐装食品。我们吃了很多的面包与反向租借-租赁的英国果酱，但是在蜜蜂叮咬面前我们吃了败仗。我们的军用帐篷搭在一个苹果园内，苹果树上到处都是密密麻麻的蜜蜂。这些该死的蜜蜂到处乱爬，但是它们实际上爬满了我们的果酱。我们用刷子把它们刷掉并在它们再次爬过前赶快咬上一口。几个战友嘴唇上都被蜜蜂刺伤。6 月 12 日，在诺曼底登陆日后第 6 天，奥马尔·布拉德利（Omar Bradley）、乔治·C. 马歇尔（George C. Marshall）、H. H. 哈普·阿诺德（H. H. "Hap" Arnold）以及艾森豪威尔将军来到了滩头并在圣·皮埃尔杜蒙特（St. Pierre-du-Mont）当地的一个苹果园内按陆军 "C" 的配给即席吃了一顿午餐。我常常想知道他们是否也受到这些蜜蜂的困扰。

有 10 天我们无法吃到面包，只能吃一些又干又硬的军用饼干。这是我第一次产生需要一种食物的渴望——我想要一块好面包。战斗飞行员受到一定的"宠爱"，航空军医偶尔会给我们拿一些鸡蛋，偶尔也会给我们一个橘子。因为我被要求吃一些以前在家里放在我面前的食物，所以我从不抱怨军队的食物。

很明显，飞行战斗是最危险的职业。我承认每次执行任务时都害怕和忧虑。但是我没有意识到日复一日的压力积累了一种无意识压力水平，以至于最终形成有意识心智的爆发。一天夜里，我达到我的极限压力点，我醒来时浑身发抖直冒冷汗。当时我唯一的想法就是，"孩子，我可能在这次战争中献身"。我们知道死亡是我们所有人不可避免的宿命，但是当我们飞行作战时它就变成一个无处不在的、时时徘徊在附近的威胁了。幸运的是，我控制住我自己，没有叫醒我的室友。第二天早晨，我又变成一个正常的人。读过很多的战争故事后，我现在认识到，这对于战士而言是稀松平常的事情。

8 月中旬，我收到一封信，信里有一个包含总统选票的大信封。当我达到 21 岁时我进行了投票登记，所以我可以在 1944 年选举中投出我的第一票。

议会使得事情变得简单，即通过一项允许在海外驻扎的登记军人进行总统选举的法案。我是本集团中完成必要文件填写并收到选票的几个军人之一。为了确认选票，必须在连长或同级军官在场的情况下投票。390 中队副手（劳伦斯·基廷（Lawrence Keating）上校）见证了我的投票。这是我第一次参与总统选举。

在法莱斯包围战后我们的主要任务就是对第 1 军先头装甲部队（主要是号称"地狱之轮"的第 2 装甲师）提供支援。当时他们在横穿法国。但是重点很快就转变为防止德军第 7 和第 5 装甲部队（逃出法莱斯口袋）残余渡过塞纳河。我们每天执行几次任务以禁止驳船和小船出行，并袭击渡河的渡口。最终，侦察机发现了渡口，因为他们发现敌人在运动。他们伪装得很巧妙，只有当丢入炸弹或扫射时我们才能看到伪装的船只和小艇。从河流上游几英里的有利地点开始，我们保证那天没有河流运输或渡轮投用。

此期间启动了我们称之为"纵队掩护"的战争新阶段。我们将与坦克内或装甲先锋（半履带车）内空中/地面的控制人员进行核对。如果他们有一个我们的目标，我们将按照他们的要求进行轰炸或扫射。如果他们没有为我们找到最直接目标，我们将会在低海拔空中、在他们前方侦察飞行，以检查他们的前进路线。我们将调查任何可疑或有威胁的目标并在必要时展开袭击。一开始，在低海拔高度和低速下在周围巡航使我感到紧张，因为那会使我们很容易受到高射炮的攻击。后来我们开始认识到德国人更害怕我们，如果他们发起任何明显行动，我们可以在他们的上方瞬间用炸弹和机枪侍候他们。这是一个对我们非常有趣和收获很大的时期，当我们通过俯冲轰炸和扫射任何露头的德军或车辆为地面部队提供直接支援时我们感到很愉快。因为地面部队快速向前推进，德军要么被迫在白天行军（这样我们就会看到他们），要么被愤怒的盟军所消灭。在大多数任务中，大量的车辆和部队成为我们机枪和炸弹的牺牲品①。

当时的天气很适合我们进行空中狩猎。我们的坦克和其他车辆外面板上

---

① 霍尔特，《掩护纵队》，通过几次近距离支援任务，详细介绍了从作战指示到着陆的整个过程。

被涂上明亮的樱桃色，以便我们从 12000 英尺高空就能很容易地辨别它们。在我方战线一侧挤满各类显示亮色板的车辆的熙熙攘攘的道路与德军一侧的空空荡荡的对比令人吃惊。非常明显可以看到前线在哪里，当装甲队伍向前推进时我们甚至可以看到其向德军进发的画面。

偶尔我们会看到显示樱桃色板或红十字标记的可疑车辆。在一次任务中，我们看到一组显示有红十字标记的车辆。一个飞行领导进行了核查，并说在其他车辆之间夹杂着几辆坦克，所有都显示红十字。不仅这样，坦克似乎为德国坦克。我们在它们上空盘旋，同时飞行领导和中队指挥员讨论了这一情况。我们最终放过了它们，但是报告了这次遭遇。后来在战争中我们发现德军车辆也采用樱桃色板。针对此种情况，我军要求采用特殊色板组合显示。

偶尔地，我们无法找到部队要轰炸什么，并要求火炮发射红色烟幕弹来确定目标。这一方法运作良好，直到几个月后德军熟悉我们套路后并也开始发射红色烟幕弹为止。这是在许特根森林大战期间发生的事（参见第 5 章和第 6 章）。我们还改变做法，采用不同颜色，甚至采用不同颜色的组合。空中/地面控制人员直到烟幕弹在半空中时才告知我们特定颜色或颜色的组合。所以，即便德国人听到我们的无线电对话，他们也没有时间及时响应，而采用规定的烟雾颜色标记伪装目标。

我们知道德军监控我们的无线电频率，因为他们偶尔会与我们说话（通过无线电）。他们会更频繁地尝试，有时会成功地阻塞我们的传播（通道）。当我们深入德军防地时这种情况尤为明显，我们的耳机里会发出类似于"回家啊啊（go hommmmme），回家啊啊（go hommmmme）"的调制的嗡嗡声。

装甲先锋有时推进很快和很远，以至于常常超越了他们的地面通信能力。有几次，早晨分配我们去搜索装甲先锋的位置，他们夜晚都在不停顿地追击德军。当他们向前推进时，我们飞到他们所在位置的距离变长，着陆时我们的燃料储备变少。我们对装甲先锋保持连续空中掩护，从黎明后不久到黄昏前 45 分钟，因为从战场到返回基地需要一定的时间。很明显，在我们空中掩护飞机返回后德军飞机会轰炸和扫射一些装甲先锋。我曾经在 8 月 23 日完成首个这类晚班任务。第 390 和 389 中队都参与了此项任务。

我们的任务是武装侦察，以便为第 2 装甲师向鲁昂方向北进（在英国和加拿大先头部队对面）提供支援。美军承担英军部门的此项任务，因为按照陆军元帅蒙哥马利的说法，英军和加拿大军队"受到后勤补给困难的困扰"①。这是一项三个部队合作的工作，涉及到第 2 装甲师和第 28 和第 30 步兵师。他们的目标就是占领从巴黎到鲁昂一线的塞纳河沿岸，迫使德军第 5 装甲师和第 7 军的 75000 名残余部队向塞纳河口集结，那里的河面很宽，难以渡河。美国将军希望美军形成阻止德军靠近塞纳河的这个"钳子"和从西面推进的英军和加拿大军队将德军装入口袋中。

在到达战区后，第 390 中队通过炸毁塞纳河附近靠近埃尔伯夫镇（鲁昂的正南）的 23 辆德国车辆为第 2 装甲先锋提供支援。他们为第 2 装甲师向前推进以占领塞纳河沿岸提供强大支援。第 389 中队按照命令，轰炸塞纳河下游驳船、小船和渡轮码头，以防止德军逃出包围圈。

在我们完成任务后，我们在天黑时设定返程的航线，并打开我们的航行灯，此时我们脑海中有很多疑问。我们的部队能认出我们且不会向我们射击吗？我们会找到我们的机场吗？海军会放下防空气球且不向我们射击吗（我们从他们上方越过的着陆交通模式正确吗）？最后，我们有足够的燃料吗？

在大约距离基地还有 10 分钟时，我的燃料告警灯亮了。那是一个令人生厌的耀眼的黄灯，在黑暗的天空的映衬下格外明亮，而且无法变暗。此灯预示着油箱内还剩余 20 分钟正常巡航燃料。Burdock（牛蒡）（控制塔）通知我夜间着陆辅助将是在跑道旁放置的三个燃烧的汽油桶，两端各一个，中间一个。我们在从西到东着陆时在燃烧的汽油桶右边着陆。我们全部都安全着陆，且我们每人都报告油箱的油已经用完。稍微再延迟或出事故可能就是一场灾难。我在 22 点 15 分关闭了发动机并检查了操作。他们已经安排我执行凌晨的任务。这将是一个很短暂的夜晚。在北纬地区，白天很快变得更短。几个月前（诺曼底登陆日）在我们着陆时仍在派发任务，但是现在天已经黑下来了。

---

① 马丁·布吕芒松（Martin Blumenson），《突破与追击，第二次世界大战中的美国陆军：欧洲战场》（华盛顿特区：政府印务局，1984 年），83～572 页。盟军全都要忍受后勤不力之苦；我猜英国人由于被迫取消了例行的下午茶而倍感不便。

后面几天，当第 2 装甲师清除塞纳河西侧时，我们为他们提供了支援。8 月 25 日，第 2 装甲师将占领的疆域转交给了继续清除和肃清塞纳河下游西侧的加拿大和英国军队。然后我们的行动区域随第 2 装甲师转移，以扩大位于曼特-加西科特的塞纳河上的桥头堡。

8 月 28 日，包围圈抓获的德军囚犯数量令人失望。德军巧妙地用兵拼死突围，被包围的大多数德军居然能突围渡过塞纳河。囚犯们报告英国和加拿大人并没有尽其所能展开攻势，在撤退的关键几天里盟军空军的进攻也不是太积极①。

8 月 27 日，集团转移到法国杜勒克斯的 A-41 跑道。终于解脱了，因为我们又能用上混凝土跑道了！再见了，A-1 跑道的尘雾或齐膝深的泥浆。杜勒克斯机场在该镇以南 2.5 英里。它有两条 4300 英尺长的跑道，通过一条滑行道和疏散区连接。英国皇家空军一直采用该机场，直到当 1940 年德国空军接管时他们选择将此还给了英格兰。他们对机场进行了改造，甚至建立了永久性建筑物。机场曾经遭到空前的轰炸，90% 的建筑物被毁，跑道也被炸得千疮百孔。由于跑道被严重破坏，我们的行动被迫推迟两天，以便工程师们能完成一条跑道的翻新改造。在此行动期间，我们继续执行计划的任务。

我们在 A-41 跑道仅待了几周，因为整个盟军前线快速向前推进。事实上，我从 A-41 跑道仅执行三次作战任务，其中一次任务非常令人难忘，因为我第一次（也是唯一一次）炸掉了弹药车。那是 8 月 31 日，我们为第 2 装甲师提供支援，当时正好在塞纳河东部，在博韦和亚眠之间。供应情况变得如此危险，以至于每个中队仅有两架飞机挂弹，其余的仅有一些机关枪。我按照往常一样担任巴尼的僚机，且我正在对经过伪装和停放在沿途树下的德国车队进行扫射。当我紧跟巴尼时，他扫射的车辆开始燃烧并伴随令人满意的爆炸。我转移视线并看到了另一辆伪装巧妙的卡车。它实际上很难看到，停在树荫下并覆盖了树枝。当我转过身要扫射时我瞬间失去了目标，但是我

---

① 马丁·布吕芒松（Martin Blumenson），《突破与追击，第二次世界大战中的美国陆军：欧洲战场》（华盛顿特区：政府印务局，1984 年），583 页。盟军全都要忍受后勤不力之苦；我猜英国人由于被迫取消了例行的下午茶而倍感不便。

恰好又及时发现了它。从我的 8 架机枪吐出的短促的火舌产生了令人满意的爆炸，当弹药车剧烈爆炸时，效果令人惊叹。幸运的是，我当时离地面足够高，可以在爆炸碎片方向上拉起。唯一让我失望的是，他们将我的炸毁弹药车的成果与在那次行动中破坏的其他 20 辆卡车合并在一起申报了。

一路高歌猛进的装甲部队几乎没有遇到抵抗，因此后来很少要求我们的帮助。这就导致任务的变化：现在我们要进行武装侦察，我们要深入到德军前线并袭击随机目标。9 月 4 日的任务是对那慕尔—卢万—列日地区进行武装侦察。比利时的卢万距离我的家乡莱德仅 35 英里。我总是不安地向我的家乡的方向张望，想知道我的亲戚们在纳粹统治下生活 4 年多后的情况。我希望地面部队尽快解放我的家乡，以便我能重回故里，看望我的亲戚们。在那次任务中，我们很多人第一次看到了齐格菲防线。我们深入到德国边境靠近亚琛的地区，看到反坦克防线的龙齿弯弯曲曲地陈列在德国边境上。从 8000 英尺高空上看，这条反坦克防线看上去就像地球表面上的一条丑陋的伤疤。这些任务仅导致炸毁车辆的零星的申报，因为德军已经学会隐藏和伪装自己。但是，他们没有浪费我们的任务，因为我们常常会炸毁几节列车。

在 A-41 基地时，我曾经与中队的一些不同战友同铺，包括西点军校的毕业生中尉洛厄尔·B. 史密斯（斯米梯）（Lowell B. Smith（Smitty））。史密斯是我认识的第一个毕业于西点军校的人。因为天气变得寒冷，我们集思广益，想了一个办法，利用一些废铁、石块和泥土，在帐篷一侧地面上建了一个小壁炉，并安装了通向外面的烟囱管。一旦火势起来，壁炉的取暖效果很好，但是要点燃它很困难。一个寒冷的早晨，史密斯有点抓狂，因为炉子总是烧得不旺，于是他就在阴燃的木柴上抛洒了装满半个头盔的汽油。炉子瞬间轰然爆炸，并借助气浪将废纸和废木头通过烟囱管抛到空中。没有人受伤，但是因为这一爆炸，我们帐篷的帆布面上烧了很多的小洞，最大的小洞直径约 4 英寸。供需官威胁要我们对损坏的帐篷进行赔偿，但是后来就没有下文了。不知道当我们从 A-41 基地搬出后这些大洞小眼的帐篷后来怎么样了。我们一直没有为我们的帐篷配备那种小型大肚皮烤火炉，直到 12 月初我们搬到比利时后。

9 月 5 日，他们准许我和查克·本内特休 5 天的作战假。与我们一道休假的还有巴恩哈特少校和克劳德·霍尔特曼（Claude Halterman）与哈里·维尔德哈贝尔（Harry Wildhaber）中尉。我们每人都带了一瓶加拿大俱乐部加威酒（飞行军医约翰·克拉克（John Clark）（医生）的恩惠），用于飞行完任务后的酬劳。对于酒严重短缺的伦敦来说这瓶酒的价值胜过黄金。我们搭乘 B-24 飞机（当时该机被用于为一路高歌猛进的装甲先锋运送燃料）到了英格兰。到了伦敦后，我们住进了大理石拱门附近的坎伯兰酒店。

观光、会见来自世界各地的人们和聚会花去我们数天的时间。一天傍晚，我和查克乘出租车送一些女孩回家，这是 23 点（22 点？我记不清了）后到处走动的唯一办法，因为地下铁（地铁）和公交已经停止运营了。她们的公寓在一栋楼的第二层，在前面有通向其楼层的铁楼梯。在告诉出租司机稍等后我们护送她们上了楼。当我们上到楼梯顶端时，出租司机将车开走了。出租车仪表显示我们欠了出租车费，我们想知道他为什么将我们丢下扬长而去。当时我们记得——大约有 1/3 瓶的加拿大俱乐部加威酒遗留在车的后座上。他是宁愿要威士忌酒而不要出租车费。我们在一片漆黑、笼罩着浓雾的伦敦的午夜迷了路。一个友好的警察为我们指了路并帮我们叫来一辆出租车，我们最终坐上这辆出租车回到了酒店。当向一直在战时伦敦的其他人叙述这一插曲时，他们总是露出狡猾的一笑，并质疑我们为什么不借机要求与这些女孩共度春光。其一，这些女孩都是淑女（与大众看法不同，在伦敦有很多淑女），其二，我和查克都不是胡闹的人。

当度假时我和查克遇到一些到过第 8 空军的战友。在与他们的交谈中，回忆起他们在同期仅完成约 6 项任务，而我们则完成了 15 项任务。这表明，与第 8 空军护卫重型轰炸机的行动相反，采用第 9 空军进行地面支援空中作战有更疯狂的节奏。然而，我们都没有击落敌机的报告；事实上，大多数人甚至都没有看到任何敌机。

返回法国极为困难，因为所有运输机和临时改装的轰炸机被用于运送燃料和其他紧迫物资。在等待两天后，我们最终挤上一架飞机，并顺道赶到杜勒克斯。但我们发现集团已经迁移到别处。我们唯有赶到位于巴黎的第 9 空军总部，并找出我们部队所在地。我们搭便车到了巴黎的西郊，并从那里坐地铁到凯旋门站。当我们坐电梯到达街道地面上时，我们就被裹挟到当时正在进行的解放庆典的人流中。就在两周前，法国第 2 装甲师和美国第 4 步兵师刚刚解放了巴黎。巴黎人民还在疯狂地庆祝。我们登记了旅馆，带上一瓶香槟酒，就加入了庆祝的人流。我认为我人生中最快乐的时光就是坐马车巡游巴黎的那段时光。那时我坐在马车上，喝着香槟酒，马车旁全是骑着自行车长裙翻飞的法国姑娘们。通宵达旦观看在女神游乐厅的演出。第二天早晨，我们发现我们部队现在在 A-70 基地，在法国的拉昂附近。一辆第 9 空军武器运输车和驾驶员将我们带到了我们现在的新基地。5 天的假期实际上持续了激动人心的 9 天。

拉昂机场位于拉昂市西北大约 6 英里，包括两条呈现大 V 形状的混凝土跑道，但仅一条跑道可以使用。从跑道延伸的滑行道长而弯曲，提供进入分散区的通道。大轰炸破坏了机场的机库和建筑物，但是，我们将几段建筑物建到大厅和运营办公室内。一个大型炸弹存放区散布在机场的一侧。其中放着多种德军炸弹和其他装备。我们小心避开它，尽管要对此看个究竟的诱惑一度将我带到它的边缘，在那里，我小心翼翼地查看一些外形怪异的德军炸弹。1940 年，多尼尔（Do）17 轰炸机在不列颠空战期间使用过该机场。后来，容克（Ju）88 也曾经入驻该机场。那是最后一次被在诺曼底登陆日之前撤退的战斗机所使用。几架部分毁坏的飞机提供了纪念品寻宝和好奇心探索的吸引人的项目。

我从拉昂起飞执行的第一次任务遭到了惨败。那是 1944 年 9 月 17 日，我们在为荷兰的空降袭击提供支援。行动命令规定我们压制地面炮火并抑制针对南线运兵机指挥 C-47 机队（Troop Carrier Command C-47）的高射炮。我们分配的区域是一个从开始点到空降区域的 45 英里的长条地带，或从安特卫普东南 10 英里到埃因霍温一带。命令规定我们跟随该机群的尾机一直到空降区域，并护卫他们回到我们的防线。

我们与运兵飞机和滑翔机队准时相遇，并通过穿梭到下方和到他们的侧面提供轰炸高射炮的支援。天公不作美，浓雾使得能见度只有大约 5 英里。为了在机队下方迂回，我们下降到距离地面仅几百英尺的高度，这样为识别防空炮和扫射预留了很小的机动空间和高度。所以就听到很多飞机在附近嗡嗡乱飞，我花费大多数时间去避开碰撞。每次我发现一个高射炮位置，但是在我到达前总是已经有三到四架飞机对此目标进行了扫射。在空降区域（埃因霍温），往往是这样的景象：可看见数百个降落伞悬在半空或降落到地面。一些空降兵开始在我们之上跳伞，导致疯狂抢道，挤作一团。我看到几架 C-47 飞机撞机坠落，并看到一架飞机已经着火。在全部任务期间我没有放一枪一炮，但是一些飞行员报告其击毁了几个炮位和几辆德军车辆。在低空和低能见度下有如此多的飞机，飞行确实非常危险。

英军最终解放了我在比利时的家乡。这解除了我的心头重负。因为我一直担心万一我被击落被德军俘虏后我的比利时亲戚会受到牵连。莱德位于布鲁塞尔和根特之间的干线公路上，距离拉昂的 A-70 基地以北约 100 英里。当我们有一个完整的假日时，我和查克计划搭车到莱德。我们没有想到在横跨主要交通干道的美国和英国占领区之间搭便车如此艰难。在我们到达布鲁塞尔前已经是快近傍晚。很明显，我们不会成功，所以只好不情愿地返回。在布鲁塞尔市中心，我坐上一辆到滑铁卢的向南的电车。为了确保我们是上了正确的电车，我用佛兰德语询问售票员这趟车是否开往滑铁卢。车上居然有个美国军官说佛兰德语，这使得驾驶员顿时变得很慌乱，以至于他将售票的钱盒子掉到了地上。所有人都帮他收集掉在地上的零钱，但是还是有约一半的零钱滚到了大街上。我们花了约 4 个小时试图从滑铁卢搭车向南去，但还是徒劳无功。在此期间，我们甚至都熟悉了纪念那场著名战争的雕像。我们没有在路边角落度过孤独的一晚，而是乘最后一班有轨电车返回到了布鲁塞尔，并在旅馆过了一夜。第二天下午我们返回了基地，幸运的是，我们没有错过任何计划的任务。

几周后我们进行了再次尝试。这一次，我们足够幸运，搭上了我们军需官汤米·托马斯（Tommy Thomas）到布鲁塞尔的便车。他是到那里公干的。我们中午左右到达莱德。

尽管我离开比利时的时候年仅 6 岁，但我依然认识家乡的很多地标。当查克和我从镇上步行两千米到达这所老房子时，许多记忆涌上心头。这是老式的风车，我叔父曾经带我到这里观看他将小麦磨成面粉，它还在那里。我小时候曾经每天花数小时在其中抓鱼摸虾的小河依然在那里流淌。我们经过一块大的草地，那里冬季时通常会被淹没，形成一个冰水池，我的大哥总是用一个破旧的椅子推着我在池子周围转悠。现在，一个加拿大军队先遣队在这样苦不堪言的泥浆地里艰难跋涉后占领了这块多水潮湿的区域。

我终于见到老屋了。我看到几个亲戚站在屋前交谈。当我们靠近时，他们转过身来，并好奇地看着我们。他们心中奇怪为什么美国军官会来到这里。很显然，他们不认识我了。因为自他们 15 年以前最后见我以来我已经面貌大变。

当我们靠近时，我用佛兰德语和他们说话，语调中还带有本地方言的色彩，"Ik ben Robert Vanden Brulle van Oordegem en bringen ju vele com-plementen van myn famalie in Amerika"（"我是罗伯特·旺当·布鲁尔（Robert Vanden Brulle），我代表我美国的家人给你们带来最美好的祝福。"）哇！这确实产生了轰动。他们不相信我是罗伯特。在他们眼里我还是一个孩子，且我一定是阿尔伯特（我的大哥）。借助于手势和我断断续续的佛兰德语，我最终使他们相信我就是罗伯特。很快全村的人都来了，问这问那，都想要见见我。

我的所有亲戚都在战争中幸存下来，尽管美国飞机轰炸了一个叔叔的家，使得他无家可归（他们住在根特铁路编组站附近）。德军在战争初期俘虏了另一个堂兄（一个比利时士兵），但是在被囚禁 6 个月后，他成功逃脱了德军的魔爪。德军没有再打搅他，当时他帮助我叔父和婶母照料他们的小农场。当谈到德国人时，我注意到我的亲戚采用了贬损的用词，"××，××德意志德国人"。我的亲戚们看上去很健康，并告诉我说，他们在战争中活得很好的原因是他们自己生产了大多数的食物，实现了自给自足。我的叔父和婶母（我曾经与他们度过了我 5 年的童年生活）看上去就像让·弗朗索瓦·米勒（Jean Francois Millet）油画"天使"里的农民夫妇，甚至穿的木鞋都是一样的。事实上，我的大多数亲戚都穿着木鞋，因为那是他们下地干活时的常见装束。那时节根本买不到皮鞋。与我亲戚们的这一次会面最终消除了我爸妈 5 年来的忧虑和对于其在比利时家人命运的担心。

我的亲戚们很吃惊的是我居然当上了军官。在比利时还存在等级制度，作为普通的佛兰德农民，他们只能期望当个士兵。他们认为这里面一定有什么错误。因为即便市长的儿子在比利时军队也就是能当个中士，而我只是来自一个农民家庭。我最终使他们相信美国的情况不一样，那里的人可以跨越农民的身份被提拔任用。有一个军官亲戚大大提高了他们在本地的地位。很奇怪，他们居然发起集资要给我一些钱。他们认为靠我收到的那点薪水养活不了我自己，因为在比利时军队遇到的情况就是如此。我费了很大劲才说服他们我不需要他们的钱，因为美国军队给我的薪水很高。但是，当他们知道我是一名战斗机飞行员时都面露惊吓的表情，他们不能理解我为什么要从事如此危险的工作。

我成了本地的名流，每当可能时，我就申请几天假去拜访他们。在一次这样的拜访中，我的堂兄埃米尔（就是那个在战争初期被德军俘虏的比利时的那个士兵）陪着我光临了这一带的每一个酒馆。我记得我在深夜迷迷糊糊地从某个酒馆出来，骑着一辆轮胎漏气的自行车，沿着鹅卵石铺就的街道往家里走。（34 年后，我和我的堂兄再次访问了几个我当年喝酒的酒馆，发现那里的人们仍然记得我）。当我访问时，很受欢迎的还是那个装满美国香烟、糖果、口香糖和其他好吃东西的野战背包。我的堂妹叫马德林，当打开我给她的背包时，让每人闻闻"真正咖啡"的芳香。然后，她冲了一大壶咖啡，但是她无法让自己享用她最爱的珍贵咖啡，只能采用人造咖啡，然后在人造咖啡中加上一勺我的真正的咖啡。这确实是一次很棒的衣锦还乡①。我将返乡的这一切写信告诉我的爸爸妈妈，并在芝加哥论坛报发表了我的署名文章，"这个飞行员伴随诺曼底登陆的艰难回家路"。

第一次拜访亲戚归来，我和查克搭乘红球速递油罐车护卫队的车。红球速递是在 8 月下旬开办的长距离公路体系，以便为狂飙猛进的美军提供支持。这是最引人注目的物流进展，可以把军需从诺曼底海滩送到前线。我们所在的该快递线路并不是那个红球速递，而是被命名为 ABC 线路（安特卫普—布鲁塞尔—沙勒罗伊）。但是，习惯上人们称所有快递线路为红球速递。所以，它成为一个通用名称。

油罐车队以 40 英里/时的速度在公路上飞奔，并保持 200 英尺的间隔。军警护卫队清除所有交通道路和十字路口。就在午夜，这个大型油罐车队沿着公路中央亮着头灯向前飞奔。这要么很愚蠢，要么就是显示出对我们流动

---

① 罗伯特·V. 布鲁尔，《一路轰鸣回家转》，《飞行表演》杂志（1994 年 10 月）：第 55 页。描述我访问老家和掠地飞行的后果。

夜间战斗机防止任何德军飞机侵犯并扫射和轰炸车队的能力的充分信任①。驾驶员搭载旅客是违反规定的。但是这是在深夜，且驾驶员喜欢我们的陪伴，因为我们帮助他们保持清醒。军警护卫队则以另一种方式看待此事，甚至安排车辆将我和查克从拉昂附近的汽油转储站送到我们的拉昂机场。

---

① 罗纳德·G. 鲁彭索尔（Ronald G. Ruppenthal），《军队的后勤支援》卷 1，《第二次世界大战中的美国陆军》（华盛顿特区：政府印务局，1953 年）。

第4章 德国边境的僵局

追击在诺曼底被击败的德军的平稳日子在德国边境戛然而止。我们的任务变得平淡、无聊和单调，因为看不到任何实际效果。

当秋天临近时，我们搬到了法国拉昂的 A-70 基地。秋天过后就是让人谈之色变的欧洲的冬季了。几乎每一天清晨，在黎明前，寒冷的天空就会变得一碧如洗。几年前在芝加哥童子军时记住的熟悉的星座在天空向我们眨眼睛。但是由于欧洲的纬度比美国更偏北，这些星座在天空的位置大幅度偏离。到了太阳升起的时候，雾和/或低空的云彩会下降。此刻，战线在 100 多英里开外，使得一些任务持续时间接近 4 小时。我们携带一个 150 加仑机腹油箱并制定一个往返战区的巡航控制程序。该程序由查尔斯·林德伯格（Charles Lindbergh）在太平洋战场制定。油门被减小为怠速，然后螺旋桨控制转速降低到 1400 转/分（正常巡航为 1850 转/分）。集合总管压力（油门），然后会慢慢增加，直到发动机好像要从飞机上脱落为止。然后集合总管压力降低 2 英寸（汞柱）高度。这样获得 160 英里/时的巡航速度，且每小时用油 50 加仑。形成鲜明对比的是，在 2700 转/分速度下的战斗能耗要超过 300 加仑/时。

我们很幸运，因为当时我们一天可以执行两次任务。每个人任务次数以每周 3 次或 2 次的速度慢慢增加。至少，我已经从一名僚机驾驶员毕业并偶尔领导一个成员，使我感到我开始在中队有了一定的分量。但是，这不能缓解对于所有那些高射炮的恐惧和担忧。

9 月，任务的微妙变化变得很明显。取代以前直接为地面部队提高支援的大多数飞行任务，我们开始执行封锁类任务。我们袭击铁路、内河驳船和桥梁，并执行武装侦察任务、袭击机会目标。我们甚至护卫中型轰炸机袭击远在德国境内的交通目标。任务重点的变化是由于德军卷土重来，因为它对西部边界墙（齐格菲防线）防御进行了部署。袭击交通目标是试图抑制他们的聚集和军需供给。我们还执行了地面支援任务，但是不是连续性的。偶尔我们甚至扫射机场。就我自己而言，他们总是安排我破坏铁路的任务或其他行动，且我从没有扫射一座机场。

大范围破坏铁路行动从 9 月 25 日开始。36 架飞机的集体任务集中在切断铁路线和扫射摩泽尔和莱茵河流域沿线、从特里尔到科布伦茨再到科隆的列车。后面 4 天我们返回同一地区，做了同样的事情，然后他们通过安排一项地面支援任务，从而暂时解救了我们。第二个月他们要求我们一而再而三地切断铁路线。这些任务一直没有中断，直到我们在 11 月初大量参与到许特根森林战役时为止。

俯冲轰炸仅仅在铁路线上留下一个个弹坑，德国人第二天就将这些弹坑修复了。为了使得切断的铁路更加难以修复，我们采用一种利用 11 秒时间延迟起爆的策略。该轰炸技术采用 4 架飞机成一条直线以零英尺高度超低空飞过铁路，每架飞机在同一位置扔下炸弹，延迟动作起爆装置允许 4 架飞机有足够时间在同一地点丢下炸弹，并在炸弹爆炸前离开。低海拔高度轰炸还增加了准确性，并导致一串炸弹轰击一块小的区域。我们希望这会产生较大的难以修复的弹坑。这是一次令人毛骨悚然的经历，尤其是最后一架飞机（拖后的查理）要在第一架飞机的炸弹爆炸前呼啸着飞离目标区。我记得我们没有由于这次爆炸而损失飞行员，但是有一些是侥幸脱险。德国人是建设大师，通过利用外国人和苦役他们持续修复这些关键的铁路线，不论我们多么频繁地重复执行这些任务。我们试图将 1 英里区间铁路线内聚集 3 个或多个弹坑，并尽力通过每次飞行轰炸同一地点形成较大的弹坑。一切都是徒劳的——下一个能飞行的日子，铁路又恢复了运行。

我们对沿摩泽尔河的这些破坏铁路的任务印象深刻，它们一直铭记在我们的脑海中。摩泽尔河流域是一个非常美丽的地方，到处郁郁葱葱，河流侧面还有陡峭的山脊。铁路线沿河岸边蜿蜒而上，偶尔穿过隧道。在该流域的各处小山顶上到处都是中世纪和其他时代城堡的遗迹。但是，平静的画面很具有欺骗性。因为山脉的顶上都藏有高射炮炮位，布置有小型和中型口径的防空炮。当我们掠过铁路在一处集结我们的炸弹时，来自两座山脉的高射炮位居然居高临下向我们开火！

高射炮成拱形向下并在铁路上方构成一个大 V 的形状，而我们居然俯冲进入炮火的交叉顶点处去投弹。那幅画面让我们永世难忘。在我们重聚时，每当有人问起哪些任务最令人害怕时，那些在摩泽尔河岸边低空破坏铁路的任务的排名算最靠前了。我们都回忆起当年当我们向领导简要汇报任务执行情况时我们大家对此任务的抱怨和忧虑。我们还记得当年都是躲在装甲板后面并利用注水（与战争应急动力同时使用）方法开足马力尽快逃离这条铁路。尽管高射炮很厉害，但是我想不起来曾经看到飞机被击落后坠落到摩泽尔河铁路上的景象，虽然德国高射炮手在每次任务时都会毁坏几架飞机。在轰炸后我们通常执行武装侦察、袭击列车或我们感到在破坏德国齐格菲防线建设方面更有效和更有用的任何其他机会目标。

战争应急动力或注水，包括在发动机缸内直接注入水和酒精溶液，以提升发动机的功率。这可防止在高功率设定值时的爆震，并可以增加集合总管压力。P-47 战机有一个 30 加仑油箱，相当于 15 分钟的水和酒精溶液供应量。一个安装于油门的开关激活注射系统可以提供 15% 的动力增量。增加的动力确实大大提升了飞机的功率，在第一次使用时其效果就让我很惊讶。

现在回忆战时的事情感到很有趣。战后我驻扎在俄亥俄的莱特基地，才知道战时应急动力的设置方法是如何确定的。他们测试了 5 个生产发动机并逐步增加集合总管压力，直到发动机发生爆炸。取 5 个损坏的集合总管压力的平均值，减去两英寸，就得到了规定数值。这是一个代价昂贵的工作方法，但是他们毕竟得到了一个答案。

报告显示德军在武装他们的列车，即在平板车（间隔布置在其他车辆之间）上配备了多联 20 毫米四筒高射炮。因此，如果我们集中向列车的机车开火，德军从随行的高射炮车上就会向我们齐射出强大的防空炮火。为了应对这一新动向，我们开始让几架飞机同时袭击列车，一架扫射机车，其他飞机则扫射架有高射炮的平板车。他们告诉我们要倍加小心，除非已经验证列车没有运输弹药。爆燃弹药卡车已是非常壮观，但是与弹药列车的爆炸相比那是太微不足道了。如果飞行员驾机太靠近，则他很难在这种大爆炸中生还。我们中的很多人都没有看过弹药列车爆炸，但是很多人都看过装弹药卡车的爆炸并知道那种爆炸的威力。我们收到关于由弹药列车爆炸造成破坏的报告，不需要进一步说服来保持警惕。我们的一个飞行员在俯冲轰炸时爆炸了一列弹药列车，爆炸损坏了他的飞机，尽管大爆炸发生时他位于 5000 英尺的高空，但是他还是必须要跳伞逃生（他的故事之后讲述）。

9 月 30 日，另一组替换飞行员进行述职报告。完成战斗行程的第一组飞行员被换下，允许他们休 30 天的正当假期。在完成至少 100 项任务后或执行了 200 小时战斗飞行后，飞行员将被送回家乡，乐享 30 天的假期。第 390 中队有 6 名功不可没的、幸运的飞行员：巴尼·巴恩哈特（Barney Barnhardt）少校（我错过的一位良师）、麦克·斯特罗姆（Mack Strohm）和史蒂夫·范·布伦（Steve Van Buren）上尉和阿尔·默茨（Al Merz）、约翰·斯通内尔（John Stonnell）、贝亚德·泰勒（Bayard Taylor）中尉。他们合计完成了 638 项任务并且执行战斗飞行 1516 小时。为了与这些飞行员道别，我们举行了一次狂欢聚会。这是我第一次被我的战友们灌得烂醉，实际上我也就是喝了点香槟酒。

聚会结束了，我们一个个都步履蹒跚地返回自己的帐篷，或像我自己一样，到厕所里狂呕不止。在厕所里我的几个战友也在那难受地醒酒；但是，有两个战友在那里打着手电筒，帐篷立柱戳了一个洞。当鲍勃·戈夫（Bob Goff）呕吐时居然掉了一颗牙（缺了半个），他们在试图找回牙齿。第二天我了解到他们找到了。但是鲍勃将它们每个放在防腐剂（在再次使用前医生可能提供的）内浸泡了 10 天。多年来，我们一直取笑鲍勃，在我们聚会时，我们通常在喝几杯酒后开怀大笑，并为鲍勃的牙齿在芳香味试验条件下得到修复而干杯。

第二天早晨在排队取早餐时（军官和应征人员只排一个队），应征的小伙子让我走到他们之前取咖啡，因为我看上去身体状态很差。他们还建议我坐到飞机上去吸几分钟纯氧气。我采纳了他们的建议，这看上去很管用，在后续聚会后我曾经好几次都这样如法炮制。

莫里斯·L.（马蒂）马丁（Maurice L.（Marty）Martin）上尉在 10 月 2 日遇到一个异常情况，当时他带领第 390 中队，护卫着准备轰炸亚琛以北目标的 10 组 B-26 轰炸机。他们拦截了一架在该区域盘旋的英国"蚊"式轰炸机，并确定该飞机的机身上带有德国十字图案。马蒂冲上前去将其击落。我知道这当时引起了争议，但是，参与者仍然坚持那些标记（十字）是确定无疑的。

在同一次任务中，一组 B-26 轰炸机击中了错误的区域，与预定目标相差了 27 英里。在投弹前马蒂和其他战斗机中队领导试图与轰炸机联络，但是他们没有成功。空中/地面控制人员，命令我们的飞机阻止轰炸机，甚至必要时击落他们。当然，到那时，已经造成了伤害。那次灾难导致 35 名比利时人被误炸身亡①。

我第一次深入德国境内是 10 月 7 日。在一次任务中，飞到威斯巴登和法兰克福，俯冲轰炸铁路编组站场阻塞点（此处正线开始分叉进入站场）。我们取得几个切断铁路线的良好成果，炸毁了几辆机车，并击中和点燃了一辆油罐车，典型（那种）的无聊任务。

一个名叫索尔·费克托罗（Saul Faktorow）的犹太人飞行员来到我们中队。他具有成为被击落次数最多飞行员的可疑特征。似乎每次执行任务他都会被敌机击中，有几次他的飞机几乎达到了报废的程度。被配置飞机的飞行员都害怕将飞机交给他飞行，因为几乎可以肯定他会被击中。此时，我已经有了大约 30 次任务，但是从未被击中。一天晚上，坐在一个休息室内，这个休息室是在被我们炸毁的建筑物内改建的，索尔发表了意见，"你认为德军知道我是犹太人飞行员吗？"他严肃地问道。他在战争中幸存了下来，但是我确信他保持了在他名下被击落次数最多的集团记录。我现在真希望我还记得具体的数字。我终于在 1995 年的西雅图聚会上再次见到了索尔。他战后一直在空军服役，并以上校军衔退役。我在本书中讲述了我对他的看法，他的原话是，"我只是让它们（飞机）受损，但从未击落一架敌机"。

---

① 查尔斯·B. 麦克唐纳（Charles B. MacDonald），《齐格菲防线之战，第二次世界大战中的美国陆军：欧洲战场》（华盛顿特区：政府印务局，1963 年），第 260 页。
我从麦克斯韦空军基地的空军研究处了解到误炸的情况，转告友人、比利时历史学家卢西恩·博热，他住在比利时的根特，就是那天遭到轰炸的镇子。11 月我们移驻 Y-29 机场以后，察看了破坏情况，跟很多当地人交上了朋友。我们告诉他们，迷航的轰炸机是第 394 轰炸机大队的两个小队。

由于前线推进缓慢，我们似乎要在拉昂驻扎一段时间。随着寒冬临近，我们也将在帐篷内过冬了。我们为帐篷安装了一个门，甚至还安了几个窗户。这样使得帐篷变得很温馨。我们的休息室有个小炉子，但是它还是又冷又潮，不是那种人们所想要的冬季休息室的地方。建筑物有一个严重损坏的壁炉，所以我们雇用一些法国砖瓦工，利用一些旧砖进行修复。修复工作最终完成，我们将此命名为烈焰。不久，我们听到一声异响，几个战友发誓有一颗子弹在他们之间飞行。然后又听到几声同样的异响。我们几乎同时意识到这是壁炉砖爆炸。工人没有采用炉床内的耐火砖，爆裂的砖块碎片正在袭击我们。在房间周围嗖嗖地飞来飞去。我们只好从舒适的休息室匆忙撤离。

因为每天仅一次或两次任务对于拥有48架飞机集体任务来说已经司空见惯，所以有的是时间。在一次这样的任务中，我们在飞往目标区域的途中，我们一边爬升穿过数千英尺的云层，一边忙于编队和组成中队飞行。在约15分钟后，从第391猎狐中队发来一个很奇怪的电台呼叫声，"'猎狐'长机，这里是'猎狐红'4——我的眼睛痉挛了，我无法恢复!"我们都互相望了望，并轻敲我们的耳机以确定它们是否工作正常。"这里是'猎狐'长机——再说一遍，"有人答复道。他回答得更疯狂，"我的眼睛痉挛了，我无法恢复!"红方长机告诉他返回基地并要求红3与他伴飞，以防任何紧急情况。大约15分钟后，我们听到他要求呼叫着陆指令，一会儿，听到，"伯多克（Burdock），告诉我是否对准了跑道，因为我是在用一只眼观察进入跑道"。

这是一个很可笑的事件，在二战大型编队中飞行的我们这些人可能很容易想象这究竟是如何发生的。我们的眼睛紧盯着长机，以保持严密的队形（至少在我们接近前线前）。偶尔我们会看一眼我们的仪表，以确保一切指标完好，同时全程用眼角余光观察滑进我们编队的位于我们上方和下方的其他飞机。持续的眼睛运动和尽力注意周围一切，可能使得某一只眼睛的肌肉痉挛。飞行医官使某位受伤飞行员视力恢复正常，但他已经失去了飞行的勇气，拒绝执行俯冲轰炸任务。他们只好悄悄地将他调离我们集团。

我们在10月11日接到轰炸莱茵河上驳船的第一个任务。36架飞机的集体任务就是发动数周的作战任务，对铁路线和驳船进行交替轰炸。期间也执行了几项护卫任务。但是我们感到毫无价值。在 10 月 11 日第一次破坏驳船的任务中，一些重型高射炮炮位不间断地跟踪并对我们开火。无论我们朝哪个方向走，看到那些致命的黑色在我们周围爆发是非常可怕的。高射炮击中了莱斯特·斯旺克（Lester Swanke）的飞机，他旋转着离开编队。幸运的是，他只是损坏了飞机，他本人还是一瘸一拐地返回了基地。我们在科隆周围发现大量的驳船，并立即行动，击沉了大约 12 艘，击毁了多艘。

10 月 15 日，在一次行动中，我的好朋友迪克·坦塞莱（Dick Tanselle）因在比利时马尔凯附近的半空中与他的僚机乔·C. 迈耶（Joe C. Meyer）中尉撞机身亡。我和迪克在训练全程都是好朋友，并在克莱格基地一起获得了飞行员胸章。第 389 中队当时在飞往作战目标的半途中，他们遇到了恶劣的气候条件。迪克和他的僚机与中队的其他飞机失散，并最终看见他们在避开云层试图重新加入编队。该死的欧洲恶劣天气是造成我们数名战友罹难的罪魁祸首。

由于轰炸和扫射，拉昂市铁路编组站变成一堆瓦砾和碎石，仅留下几辆机车东倒西歪地趴在地上。有一天正好有空闲，我们几个人到那里检查战果。我们首先注意到司机室四周焊接有用于保护工程师的两英寸厚的钢板。它显然不是装甲，因为几颗点 50 口径的子弹穿透了它。我还追寻了一颗点 50 口径穿甲弹的路径，这颗子弹穿过几英寸厚度的钢制驱动轮，被发动机工字梁结构下部凸缘反弹后，嵌入到上部法兰的侧面。我费了好大的劲才将这颗子弹撬出留作我的纪念品，子弹上没有擦痕（我到现在还保留着它）。它是一颗穿甲弹力量的神奇展现。

10 月下旬轮到我另外五天的动态假期。休假的人包括查克·本内特（Chuck Bennett）、克劳德·霍尔特曼（Claude Halterman）、杜安·伦德（Duane Lund）、霍默·谢弗（Homer Schaeffer）、莱斯特·斯旺克和我。在后面几个月，每人（除了我）都被击落过。霍尔特曼、谢弗和斯旺克在战斗中光荣牺牲。杜安·伦德做了战俘（尽管当时我们不知道），查克·贝内特受了重伤。但是，那是未知的将来的事情了。我们开始计划要在巴黎度假。但是在一个夜晚后，巴黎人已经让我们彻底失望。他们的态度已经从我们第一次在那里体验到的真挚友谊，变成了剥削。香槟酒当时卖到每瓶 5 到 6 美元（是市场价格的五倍），且所有的人都找我们要小费。他们的态度给我们留下这样的印象：既然我们已经解放了巴黎，我们就应该滚出去。我们确实匆忙逃离了那里。在勒布尔热机场，我搭了一架飞机回到了伦敦。我发誓我将再也不会去巴黎了。我将此承诺保持了40年，但是当我们1984年在那里进行聚会时我的心又软了。也是我的妻子玛吉（Marge）给我施加了小压力，使得我改变了立场。

在伦敦待了一夜后，我决定尝试一下为飞行员安排的在牛津附近的疗养院，我听说那里的条件确实是第一流的。我乘火车到了牛津，并从车站给他们打电话询问是否有多余的房间。他们回答说"有"，并告诉我在那里等着，他们将派一辆车去车站接我。大约20分钟后，一辆加长轿车来到我的身边。

多好的地方啊！毫无疑问这里原来是一个富豪家庭的居所，但是已经变为一处士兵可在此过上几天奢侈生活的疗养院。我们大约有20人，每个房间住两人或三人。早晨8点，女佣会将我们叫醒，并送上一杯橘子汁。如果我们在10点前下楼，我们可享用精致的早饭；否则，我们就只能等待吃午饭了。本地女孩担任女主人的角色，带我们四处溜达参观本地名胜古迹和举行野餐。每天晚上会安排舞会。一天，我们甚至练习了骑马。我以前从未骑过马，但是，在半小时指导后，就能和他们一起飞奔穿越场地。当我们遇到树篱时，女孩子们毫不费力地打马越过。大约一半的飞行员试图跳过，但结果喜忧参半。幸运的是，我们没有严重受伤，我们都对马接近树篱时马背上大多数新手的滑稽表现发出开怀大笑。我畏惧不前，在树篱附近走来走去。我们甚至遇到过一次典型的英国式的午后阵雨，并在一处房子里避雨。这是一个人所能期望的最放松和最愉快的假期。

当我们从假期中返回时，又要回到过去同样的日常任务中——去破坏一些铁路，击沉一些驳船或进行武装侦察，打击机会目标。这些任务的特征就是我们看不到我们努力的实际效果，除了看到我们的战友被击落。当从任务返回时我的朋友查克·本内特简洁地表达了态度，我问他进展如何。"哦，扯淡的老一套。我们轰炸了铁路轨道，击中了火车，可能吓坏了一些德国人，但是没有什么有价值的。"千篇一律的任务让人厌烦，例行苦差的工作日型气氛在全集团中弥漫。

当主目标处的气候影响俯冲轰炸和扫射时，他们引入作为回击的一种新的轰炸方式。偶尔地，当我们基地上空的天气晴朗能够起飞和着陆，但是敌方目标完全是机场关闭天气的时候，便会安排用雷达引导投弹（有时称为"盲炸"或"SCR 584 任务"）。布莱尔·加兰（Blair Garland）上校（第 9 战斗机司令部信号官）想出了这些主意。他将微波早期预警雷达与一架飞机 SCR 584 的枪炮瞄准雷达相结合。SCR 584 是一种准确的近程雷达。采用诺登（Norden）投弹瞄准器的搜寻计算机，系统将飞机飞行航线复制在一张铺在桌子上的图纸上。雷达操作员担任投弹手，纠正中队的前进方向，并为投弹进行倒计时。在诺曼底战役期间曾经试验过这种用雷达引导投弹。自那以后，进一步的改良使它们成为一种强大的攻击力量①。

我们在 200 英尺高空，在长机后保持紧密的队形飞行。长机保持其雷达应答器打开，以便为地面雷达操作员提供良好参照，从而引导中队进行轰炸②。我们以恒定的 220 英里/时指示空速飞行，并使得飞行高度始终保持在 10000 英尺到 15000 英尺之间。我们所做的一切都遵循雷达操作员的指令，并在预定时间投弹。我们大多数人都感到这些任务是浪费资源，投入 12 架飞机去丢 24 枚炸弹。

从混凝土跑道起飞，即便是粗略修补的崎岖不平的跑道，也要比诺曼底跑道好得多。我们可以再次进行编队起飞，从而加快集团行动。看到三个威严的中队成紧密队形飞往前线作战是非常激动人心的景象。我们知道地勤小组人员非常高兴，因为我们能看到和听到他们在跑道附近以诸如"干掉他们"和"送他们下地狱"的问候和呐喊为我们加油。这一定给我们的指挥员

---

① 托马斯·A. 休斯（Thomas A. Hughes），过载（纽约：西蒙-舒斯特出版社，1995 年），6~8 页，精彩地描写了克萨达将军和他在第二次世界大战期间制定的战术条令。但是读者应当注意，原文中有明显的错误。

② 我们的飞机上安装了单频应答器，即：可以敌我识别（IFF），飞机接收到雷达脉冲之后，会发出识别信号。如果在敌占区迫降，我们还有一套破坏敌我应答器的方法。收到雷达操作员的请求之后，才打开这套装置。由于这么多飞机在欧洲上空飞来飞去，大多数的盟军飞机都处于雷达和别的什么管制手段的控制之下，所以敌我应答器纯属多余。据我所知，应答器只是在雷达辅助投弹的时候使用。确定方位的时候我们就打开无线电，按下无线电发射按钮并保持 10 秒钟就行了。

留下了深刻印象，因为他召集了飞行员会议并要求我们以整齐的队形飞行。我们必须承认，我们已经变得马虎草率了。

正如结果显示的那样，在中队之间形成了一种竞争，破坏编队飞行的飞行员受到了处罚。中队指挥员或其指定人员还对我们编队起飞的情况进行评定。一开始，这是一个大运动，但是随着飞行时间延长到接近 4 小时任务，当我们返回时要靠近形成编队就变成一件困难而繁琐的事情。我们很累，通常都很渴（因为呼吸干燥的氧气），只是想从那个坐上非常不舒服的小艇下来。我们整齐的编队一定奏效了，因为我们从地勤总管那里得到这样的评价，"你们这些小伙子进入跑道时看上去确实很不错"。

一次，在起飞时，长机全力向前猛踩油门，而不是缓慢给油，以便我——他的僚机——能跟上他。自他们对我们的起飞进行评级以来，我从来没有落后，所以，我打开喷水嘴以赶上他。我眼看就赶上了它。正当我关闭喷水嘴时，飞机产生了严重的振动。当我意识到它的时候，我们已经有了飞行速度，并起飞了。出于本能，我采用了制动，以停止动轮旋转并收起了起落架。振动消失了，因为一切归于正常，我继续执行任务。在返回时，我发现当时起飞时发生振动的原因：因为我在起飞时一个轮胎爆胎了。细思极恐，如果在我达到起飞速度前发生爆胎那后果不堪设想。

我们的地勤成员技术一流，并以保持飞机的最佳状态而倍感自豪。对于飞机我们完全信任他们，几乎从未失望过。如果他们说已经准备好，我们就从不怀疑。他们总是能找到一些存在的小问题，比如罗盘需要摆动，一个发动机检查过期，或一些其他平凡小事。我从未飞过一架不完全适合战斗的飞机。当然，我们偶尔也碰到系统故障。P-47 飞机是一台复杂的机器，故障是难以避免的。但大多数都不是致命的，仅是一些麻烦事。我在战斗时曾经遇到几次这样的故障，事实上，在我的飞行生涯期间，我承担了一定比例的故障。在爆胎事件后不久发生了一件最烦人的事情。在起飞时，我试图抬起起落架，但是感到没有反应。液压油压力为零。我的一个泵发生了故障。

我想这没有什么大不了的，于是，我就用手把起落架提起来。在我上提起落架并锁定前我已经快要接近战斗区域。手动泵在座椅的左侧且需要费很大的力。采用左手抽吸并用右手飞行造成右手侧的运动症状，导致飞机向海豚一样在空中急速窜行。其他飞行员闪到一边，以便为我摆来摆去留出空间。大家还取笑我的窘境。

我的第一个大事故发生在拉昂的集体任务后。当我们在滑行时，我们地勤总管一般会骑在我们的机翼上引导方向。P-47 的又长又大的机头在三点着陆姿态时妨碍了向前看的视线，所以我们连续进行 S 拐弯，以看清我们正在滑向哪里。这需要很多的滑行空间和时间。借助于地勤主管骑在机翼上并采用简单手势指挥飞行员，我们可以一直滑行向前。

第 390 中队是在那天着陆的第一个中队，而且地勤主管还没有到达跑道的末端。我们在缓慢滑行到我们的护坡，并一边做着 S 拐弯的动作。工程师们用混凝土填充和浇筑了跑道和滑行道的弹坑。但是，一个在滑行道上形成的大约三英尺深的弹坑，仅用泥土填上了。恰在此时，我注意到另一中队飞机从树顶上方呼啸而来，我抬头观看以评价他们的编队飞行的水平，而我的飞机一个轮子则由于急弯恰好掉进了填满泥土的弹坑。这几天的大雨已经使得这个弹坑变成了一个烂泥坑，这个轮子陷了进去，使得我的飞机成了机头向上的窘态。新提拔的莫里斯·L. 马丁（Maurice L. Martin）少校（新的中队指挥官）立即让我停飞，以便对飞机进行修理，更换新的发动机和螺旋桨。这要花几天时间，因为必须等待用另一架战斗中损坏的飞机轮来进行更换。

我在停飞后的第一次飞行就是运送一架 P-47 飞机到位于兰斯的废料场。那里收集和存放着战争中损毁的飞机。我运到兰斯的是一架老式的"剃刀鲸"，这架飞机已经不能保持平衡，这使得飞行很容易疲劳。人们很惊讶在其一年的战斗飞行中飞机究竟更换了多少机翼和其他零件。第二个目标就是重新补充我们的香槟酒的供应。吉普车司机在飞机废料场拉上我，并在回拉昂的途中，在兰斯的波默里（Pommery）香槟酒厂停车。我接受的具体指令就是购买已经打上德语"德国空军专用"标记的香槟酒。我以每瓶相当于1.10 美元的价格购买了几箱。这满足了我们数周的供给。而到兰斯备货则变成了我们的例行任务。就在离开拉昂前，香槟酒变得不太好喝；要么是波默里将假冒的劣质酒打上了德国空军印章，要么就是因为我们好东西喝得太多了。当我们 11 月从比利时的 A-70 搬到 Y-29 时（也就是在有墙壁、门和窗户的帐篷内过冬后），就不再供应香槟酒了。

因为我能说佛兰德语，我请求并收到许可随先遣队一起先期到达我们的 Y-29 新基地。我可以帮助招募本地劳工，以便这些劳工能作为中队厨房和其他零工的帮手。另一重要任务就是找到一些洗衣女工并与她们签订劳务合同。拥有可信赖的洗衣工来保持我们衣服的洁净弥足珍贵。这不需要花很多钱，几个比利时法郎和一块肥皂而已，但是穿上干净的衣服，尤其是干净的袜子（意味着温暖的脚），让我们的感觉好上很多。

先遣队由西点军校毕业生，现在是上尉的 L. B. 史密斯（史密蒂）（L. B. Smith（Smitty））领导。因为我在建设基地工程领域没有受到任何培训，这就变成是对我的一项富有启发性的冒险。我对于需考虑的所有细节深感惊奇。厨房、厕所、运营、通信应建在哪里？道路应建在哪里？很明显，西点军校工程培训是指挥此类行动的必备条件。

第 9 空军工程师们建设了 Y-29 基地，它由一个 120 英尺宽乘以 5000 英尺长的、沿着东北-西南走向的穿孔钢板跑道组成。它有 150 个座机平台和环绕跑道的周边地带。跑道的中心位于 K-488633（地图坐标，北十字区）或北纬 50°58′22″、东经 05°35′00″，大约在根克和阿斯（或阿施）镇之间。自那以后，此处的人们在跑道中心处还建立了一座石头纪念碑。我最近访问了该地区，发现该纪念碑已经位于一片新栽培的森林中。这简直难以相信，在这些高耸的大树中间曾经有一条如此繁忙和重要的飞机跑道。

我们 20 个人参与了先遣队。在感恩节前一天，史密蒂和我还有一名驾驶员来到德国亚琛附近的大的供应中转站。在那里我们购买了几个冻火鸡，并配备了传统火鸡大餐需要的所有配料。第二天我们的厨师鼓足干劲，采用临时烤箱和炉子，为我们烹制了精美的午餐。马丁少校还在拉昂，他想确保我们享用这一传统大餐，用卡车运来了已经烹制好的另一只火鸡。在卡车上有一个临时配备的炉子，以便在车辆运行时保持火鸡大餐的热度。卡车午后到达，以便我们晚上再次享受全套大餐。这是一次值得纪念的感恩节，因为我们一天内居然享用了两次传统大餐。

感恩节后，集团其余人员搬到了 Y-29 基地。祝贺我的朋友们，我向他们保证我有好几个洗衣工在排队等着做洗衣的工作。在询问战争前线的最新战况后，我了解到第 389 中队的 16 架飞机于 11 月 21 日在科隆东北部与 60

架 Me 109 飞机进行了一场混战。他们报告击毁了 15 架德国飞机，仅仅损失了 1 架 P-47 飞机，并损坏了其他几架飞机。由于采用一种完美的组织，他们打得敌人满地找牙，这让敌人万分惊讶（稍后详述）。他们的战功让其他两个中队嫉妒万分，因为我们大多数人都没有参与过与敌机的缠斗。事实上，我在飞行中还没有看到过敌机。

由于集团现在驻扎在比利时，战友们请求我用几周时间教他们几句佛兰德语的关键短语。一些人知道少量的法语或德语，但是我是唯一懂得佛兰德语的人。他们要学会的主要关键词汇包括："你愿意和我睡觉吗？""多少钱？""我可以请你喝一杯吗？"以及"你帮我洗衣服好吗？"我重复教授数次这样的课程。尽管 Y-29 位于瓦龙，或比利时的法语区，但是大多数人能说佛兰德语。除了我佛兰德语词汇有限外，我在与大多数当地居民交谈时没有遇到任何困难。

Y-29 位于一块被松树包围的空地上。这块低洼地的四周均为沼泽地。至少他们是用美国穿孔钢板（在那种沼泽地上可能需要）建成了此跑道，而且它似乎要比 A-1 的英国铁丝网要结实和光滑一点。但此跑道也由于频繁使用而变得非常颠簸时，这第一印象也被颠覆。与马斯顿垫一样，它也有在我们飞机轮子前方卷起的相同趋势，毫不夸张地说，简直就可以将露出地面的两英尺长钢柱折断。我们的很多人再次领略了起飞时钢柱飞起的景象。在经常使用的土路和小路上，泥土很快成为一个大问题。一辆四轮驱动和低速挡的吉普车通过时烂泥能淹到脚踏板。幸运的是，这些泥是砂粒，不黏，也不会凝结在我们的鞋子上。由于周围全是泥土，它一定会进入驾驶舱，并在我们拉起负过载时引起一场沙尘暴。要帮助保持飞机座舱的清洁，并赢得我们地勤主管的感激，我们偶尔会打开天蓬并翻转，让尘土吹起并落下。

在投入战斗前，已经经过大修的所有飞机需要进行飞行测试。飞行员经常自愿执行此工作，因为它通常是一项轻松的飞行。取决于修理的类型，通过执行一些剧烈动作和特技飞行以及俯冲到至少 450 英里/时的速度来排除飞机故障。如果它们安装新的发动机，它就会在降低功率情况下飞行 10 小时来检验发动机。因为我们现在与我比利时老家仅相距 70 英里，所以我非常愿意测试飞机。因为我可以借此机会从空中拜访我的亲戚们。老家的很多人都还记得我的第一次返乡试飞工作。但有些人对此事并不太高兴。

驾驶着一架缓慢飞行的飞机，我飞向莱德。因为我是采用低功率，我确实未能给他们展示精彩的低空飞行，而是仅仅在 500 英尺的区域内飞行，观光游览并向我的亲戚们摇晃我的手臂，而其他人则向我挥手。我在我婶娘家——我过去生活的地方上空盘旋，在几个堂兄妹家上方、老风车上方和其他我还记得的儿童时代地标上方盘旋。之后，我发现我在全街区造成了恐慌。我的亲戚们猜到是我，因为我已经告知他们我会来，但是多数居民绝对想不到到底发生了什么。通勤列车停下来了，人们争相向防空壕沟内跑去，显然认为我是一架在寻找扫射目标的德军飞机。西部相邻镇的几家工厂也被关闭，因为工人们都争相赶往防空掩蔽处。老师们（天主教姐妹）让孩子们离开学校，但是，在此情况下，这就是让他们观看这个"飞行的傻瓜"。我年轻的堂兄弟们在学校发布了我将要访问的消息，所有的学生们都期待着看到一场航空秀。我确实出了名了，现在所有人都知道这个本地小伙子是一个战斗机飞行员，知道有关我的故事。

有一次着陆事故可以说明我们这些飞行员的训练多么不一般。我们着陆的时候通常一气呵成，不用把发动机从慢车状态转入降落状态，就可以在跑道上正常降落。在战斗中，发动机随时有可能因为过载太大而停车，我们也始终提着心吊着胆。我的发动机在慢车状态下熄火，这时候训练的效果显示出来。一台永磁发电机在战斗中烧毁，我只剩下一台发电机，借助一组插头保持发动机继续运转。我把油门杆收回到"慢车"位置的时候稍晚了一点，结果那组正在供电的插头烧了起来，发动机熄火。好在我那套手忙脚乱的操作不是在奥德格姆上空完成的，那时候也没有收油门，当时我离基地还有 70 英里，后来做了什么，我都详详细细写在调查报告里。在基地附近发生这样的紧急情况，只能祈求飞机能慢慢滑翔返回跑道。好在这次我的守护天使还跟我在一起。

不久，我们就知道比利时机场已处于"飞机炸弹巷道"之中。德国人在安特卫普进行集中 V-1 炸弹攻击，从德国亚琛东南部的茂密森林和丘陵地带发起，代号为埃菲尔。从那里到安特卫普取直线正好经过 Y-29 上空，所以我们那里没日没夜都有连续不断的飞机从头顶飞过。几架 V-1 飞机在我们区域上空相撞，我们想知道德国人是否在针对我们或是否他们飞机出了故障。掩体在扩大并覆盖了砍伐下来的树木，以便为帐篷腾出空间，但是很快就充满了水。只要我们听到 V-1 脉冲式喷气发动机的断续嗡嗡声，我们就知道我们一切平安。当我们听到发动机关机并知道它在往下坠时就会感到处于窘境。在白天时，我们能看见它开始俯冲，但是在夜间或当有厚厚云彩或浓雾时，我们却看不到他们的飞机是否在俯冲。V-1 脉冲式喷气发动机排气尾流点亮了夜空，但是当它关掉时我们无从知道它何去何从。问题是，我们是应该进入一个进满水的掩体还是冒险一试呢？我们大多数开始无视它们，尤其是在夜间睡觉时。从帐篷中冲出并进入湿透的掩体是令人沮丧的。但是，一些战友还是会这样做。有时我们在排队时会听到几个飞机炸弹从我们头顶飞过。安特卫普受到飞机炸弹的猛烈轰炸。

　　从 A-70 基地起飞的任务时间从原先的每次大约三小时突然减半（即为一个半小时）。我们又一次距离前线大约 10 分钟的行程，并在英军的防区内，正好在英军和美军区域之间的边界上。下一个机场是 Y-32 机场，距此大约 7 英里，那里驻扎着英军喷火战斗机集团。我们准备迎接冬季的到来，准备应对冬季的一切不利条件。我们哪会料到，整个战争的最激烈的战斗将要吞噬欧洲的美国军队。

第 5 章　许特根森林之战：进攻开始

物资终于到齐了，对德国的进攻重新开始。第 1 集团军打到莱茵河边，这段莱茵河从许特根森林穿过。我们原以为可以轻松地跨过莱茵河，没想到绝望中的德国人利用地形顽强抵抗，再加上天公不作美，最后进攻不得不停了下来。

许特根森林大致呈长方形，大约 30 英里长，8 英里宽，长轴顺着东北/西南方向。比利时-德国边境是连绵的山峰，覆盖着树林。森林里面树木繁茂，只有零星几处空地，到处是刀刃般的山岭，险峻的深谷，奔腾的溪流，有些山峰十分陡峭，拔地而起直升到 1500 英尺高处。大棵大棵的松树紧紧挨在一起，撑起密不透风的树冠，连阳光也透不进来，林地笼罩在一片昏暗当中。乔木和灌木纠缠在一起，地面上的能见度很差，各种武器只能在几码远的范围内发挥作用。森林里没有地标，很容易迷路。这里的气候永远是又湿又冷。对我们这些当兵的来说还有一件更糟糕的事，齐格菲防线的一段筑垒地域刚好就在森林里面。森林的地形本来就不适合打仗，这下更是易守难攻。地面部队在战斗中艰难地一点点向前推进，几个师的人马都集中在这里。

在我们这些飞行员眼里，森林就像一块漂亮的绿色地毯，上面点缀着小小的村庄，这里那里不时露出一小段道路，但是只有飞到正上方才能看得见。目光所及，到处都是一片绿色，很少能够发现下面的人在干什么，只是不时腾起一股烟雾，说明绿色地毯下面的什么地方是不是爆炸，是不是人放火。有时候路边停着上百辆车，我们从低空掠过的时候才发现他们就在那里。除了几个明显可见的标志和我们以前攻击过的城镇，地面上没有什么显眼的标志，要想确认目标很不容易。冬天来了，云脚低垂，薄雾四散，不是下雨就是下雪。

战场条件显然不适合作战。美国的火力优势和空中支援发挥不了多大作用。对那些两脚站在地面上作战的伙计们，我只能说：我们也跟你们一样憎恨许特根森林，所以会竭尽全力支援你们。支援任务大多由我们承担，我们也使尽了浑身的气力，11—12月的伤亡说明我们努力作战的程度。在这两个月的时间里，我们这个大队折损了36架飞机和26名飞行员，也就是说，一半的飞机和30%的飞行员。

第二次世界大战的很多士兵都以为，战斗机飞行员的空中作战像古代的骑士那样华丽壮观。他们没有说错，但是华丽壮观只出现在空中对决的时候，一对一地成对厮杀，飞机在空中腾跃翻滚。对地支援却是另外一番景象。我们得凭着运气在密集的地面防空炮火中间钻来钻去，而许特根森林战役中的地面炮火比其他地方更加猛烈。战斗轰炸机部队在这场战役中的表现真值得大书特书。正是由于这个原因，我把许特根森林的战斗任务逐件记录下来，准确地反映我所在的战斗轰炸机大队的6个星期的战斗经历，当时我们一边跟德国人作战，一边跟天气搏斗。

在8月和煦的天气里，美国第1集团军的部队几乎没有遇到抵抗就穿过法国和比利时，9月中旬推进到德国边境，前面就是齐格菲防线的坚固阵地。这时候的德国陆军还没有从混乱中恢复秩序，齐格菲防线有几处浅浅的突破，都在德国城市亚琛周围。美军到达蒙绍和勒特根之间的许特根森林，发动了几次营级规模的进攻，都被打退。这时候美军用光了汽油，10月21日把有限的油料集中起来打算夺取亚琛也遭到失败，前线逐渐稳定下来。第1集团军遂把攻击方向转向许特根森林，打算攻占施密特，从这里可以接近鲁尔河上的施瓦梅瑙尔水坝和埃尔福特水坝。在这种情况下，我们大队得到的任务，是支援地面部队穿过许特根森林。

美国第1集团军的部队奋力穿过许特根森林，我们向部队提供支援的时候，仍然驻扎在拉昂的A-70机场①。大队从11月3日开始执行第一次任务，

---

① 有很多书籍讲述这次战争。爱德华·G.米勒（Edward G. Miller），黑暗血腥的战场（学院站：得克萨斯农业与机械大学出版社，1995年），生动地描写了地面部队险象环生、筋疲力尽、不堪忍受的作战条件。官方观点参见麦克唐纳的《齐格菲防线之战》。卡尔·马格里（Karl Margry）的《许特根森林之战》71（1991年）：1~35页公布了很多许特根森林战役的照片。1998年的电视剧《战鼓平息》也刻画了这场战役的残酷场面。

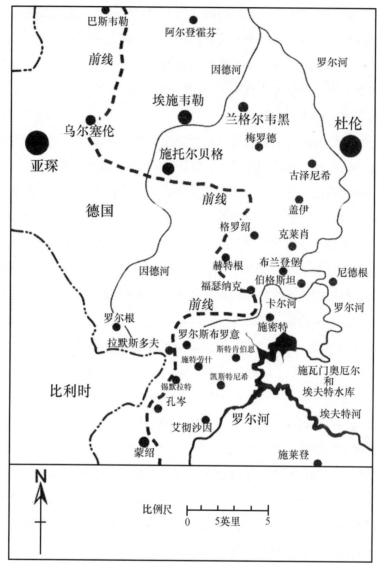

许特根森林地区的战线，1944 年 11 月 16 日

支援第 28 步兵师攻克施密特。施密特坐落在森林东南边缘高高的山岭上，穿过森林的几条道路都在它的控制之下，这是接近鲁尔河水坝的必经之路，然而美国陆军的指挥官们没有发现施密特的战略价值①。军事历史学家们至今还在对这个失误和失误的后果争论不休。当然，当时的我们对这种情况一无

---

① 麦克唐纳，《齐格菲防线之战》，28～326 页。

所知，只是一门心思地轰炸、扫射敌军阵地，好让我们的人穿过森林。

　　计划用 3 个中队执行任务，每个中队 12 架飞机。半数飞机挂载两枚 500 磅通用炸弹，其他的则挂载两枚 260 磅杀伤炸弹。杀伤炸弹对付部队特别管用，因为这种炸弹一碰着树梢就会爆炸，致命的弹片向暴雨一样射向地面。由于战场到机场有 150 英里之遥，我们还加挂了 150 加仑副油箱。糟糕的是，拉昂上空常见的雨雾和低云让第 1 个中队的起飞推迟了 3 个小时，最后只有 2 个中队起飞执行任务。

　　第 390 中队的 12 架飞机（其中就有我）第一批出动，11：55 时起飞，沿途武装搜索通往施密特的各条道路，12：35 时到达目标区。我们从西面接近，跟霍普克拉夫特建立了联系，这是第 28 步兵师的空/地管制员，正在施密特附近。他告诉我们，德国的部队和车辆都集结在东北部，要我们过去露几手。我们朝着管制员指示的方向飞去，发现几辆坦克和别的车辆停在路上，还有些躲在树林里。所谓的路不过是山间小道，跟防火隔离带差不多。霍普克拉夫特确认目标之后，我们开始轰炸扫射，击毁了 3 辆坦克、5 辆卡车、1 辆摩托牵引车、1 座营房和 1 个无线电发射塔，可能还有 3 辆坦克也被击毁。有几个高射炮阵地向我们开火，也被我们炸平。我们向霍普克拉夫特报告说，树林边上还有一大群德国的坦克车辆，但是霍普克拉夫特不让我们攻击，认为他们离我们自己的部队太近。他还向我们祝贺，说任务完成得很好。

　　正当我们返回机场的时候，第 391 中队的 12 架飞机向霍普克拉夫特报到，然后派他们继续轰炸、扫射德军的集结地点，摧毁了 3 辆机动车辆和 6 匹马拉的大车。另外，他们还扫射了弗拉滕镇的几栋房子，那几栋房子看起来像是德军的指挥所。德国人用响亮的警笛声压制 C 频道和 D 频道，干扰我们的通信。现场的美国坦克报告说，施密特附近好像有一队谢尔曼坦克，这是第 707 装甲营的部分部队，在雷蒙德·E. 弗莱格（Raymond E. Fleig）中尉的指挥下沿着凯尔小道过来，打算进攻施密特①。

　　我们大队受到第五军军长伦纳德·T. 杰罗（Leonard T. Gerow）少将的表

---

① 施密特（Schmidt）在弗莱格（Fleig）的劝说下撰写了回忆录，并且慷慨地寄给我一本。米勒（Miller）的《黑暗血腥的战场》记录了他的很多功绩。

彰，因为我们粉碎了第 28 师正面集结的大批德军，阻止了德军的反击。第 9 战术空军司令部司令克萨达将军还在表彰上特意提到，任务是在恶劣的气候下完成的。

我们自己倒没觉得立下这么多功劳，当时我们正以 400 英里/时的速度呼啸而过，只能匆匆扫视一下战果。德国人可能上了天气的当，以为云层这么低，我们飞不过来，所以从掩体里面钻出来，开到空地上，没想到正好挨了炸弹。爬升到 2500 英尺的高处，能见度就可以扩大到 5 英里。当地的地面标高是 1500 英尺，所以只有 1000 英尺的机动空间。在这样低的高度作战，不但有高射炮的威胁，还有撞山的危险，只是我们当时还不知道，整个战役几乎都是在这样的条件下飞行。第 390 中队有一架飞机严重受损，另有 5 架被高射炮打成轻伤，第 391 中队有 1 架飞机重伤。

在施密特附近攻击美军的德国部队是第 275 步兵师，加强了第 116 装甲师的坦克。第 116 装甲师曾经在诺曼底遭受重创，重新编组以后又回到战场，在许特根森林跟美军对阵。这个师有很多新兵，没有尝过我们的厉害，可能就是这个原因让我们的攻击轻易得手。他们真是些聪明人，很快就适应了形势，所以施密特周围的防守相当出色，美军直到 1945 年 2 月才攻下这个镇。由于战线几乎静止不动，德国人得以精心构筑掩体和地堡。1995 年我的儿孙访问当年的战场，发现掩体仍然清晰可见，还找着几个生了锈的子弹头，我儿子还在那里看见一个圆饼地雷。

接下来的几天，我们大队的任务是摧毁弹药和补给品仓库，德军在许特根森林作战离不开这些东西。这项任务可有点棘手。仓库当然得炸掉，只是我们飞得这么低，爆炸有可能捎带上我们。后来我们在较高的空中扔下炸弹，然后立即转向，油门大开到战斗应急功率，努力向高处爬升。

大队参加任务的飞机有 36 架，24 架携带炸弹，另外 12 架在上空掩护，攻击了科隆正南方布吕尔的弹药库。我们把炸弹全扔在目标上，随后发生了五轮猛烈的二次爆炸。返航的时候弹药库笼罩在一片黑烟之中，地面烈火熊熊，又一个仓库报销了。

以后几天又给我们分配了几个目标，都是仓库，我们照例完成得很好。轰炸任务完成之后，我们转而执行侦察任务，可以在战线后方随机扫射目标，让我们紧张的神经放松一下。紧接着，大队又出动了 36 架飞机，袭击许特根森林以南施莱登附近的一个弹药补给所。这次干得可没那么漂亮，我们炸错了目标，把一座厂房当成了仓库。工厂里面几处燃起大火，几颗偏离目标的炸弹在树林边上炸开了花，我们还以为消灭了一个深深隐藏在树林里的弹药库呢。

轰炸以后的武装侦察战果累累。我们发现了 5 个火车头，有些火车头身后还拖着一列长长的车厢，结果都被我们干掉。我自己就发现并击毁了两辆机车。这是我第一回扫射火车头，以前只是朝着列车车厢开过火。点 50 口径的机枪一阵射击之后，我很满意地看见机车锅炉穿了几个大孔，蒸汽从里面喷射出来。

大队那一天还有另一项任务，出动了 35 架飞机，轰炸一个弹药储存仓库，这个仓库设在列车上，在特里尔和科布伦次之间的铁路上流动。炸弹全都落在目标区内，弹药库爆炸燃烧，浓烟翻滚着上升到 10000 英尺的高空。这次轰炸之后的武装侦察也没有扑空，大队发现了一个车队，停泊在附近的镇子里，反复扫射，把一辆"虎"式坦克打瘫在地，12 辆卡车和一辆指挥车被击毁，顺便还点燃了周围的房屋，算是额外的收获。

读者可能会问，扫射怎么能让坦克失去战斗力？实际上点 50 口径子弹的力量很大，可以穿透几英寸的软钢，就是没有硬化过的普通钢板。上次在拉昂火车调车场，我用目光追踪点 50 口径的子弹，看着它们穿过火车头的车轮。战争期间我们都以为，子弹的穿透力可以打烂坦克的履带，就这样让坦克动弹不得。为了把这个问题弄个水落石出，忠实地记录事实，我请教了几位装甲车方面的历史学家和专业人员，现将他们的意见摘要列举如下①。

从高速飞机上射出的点 50 口径子弹，速度肯定相当大，然而德国坦克的装甲既硬又厚，子弹只能擦破点皮毛。坦克最脆弱，也就是装甲最薄的部位

---

① 与马里兰州陆军试验场美国陆军军事博物馆馆长威廉·F. 阿特沃特（William F. Atwater）博士，以及尤韦·菲斯特（Uwe Feist）博士，历史学家、《德国装甲车辆》的作者的谈话记录。推荐他的两部书：尤韦·菲斯特和布鲁斯·克拉沃（Bruce Culver），《虎式坦克》（华盛顿州贝林厄姆：赖顿出版社，1992 年），尤韦·菲斯特和布鲁斯·克拉沃，《豹式坦克》（华盛顿州贝林厄姆：赖顿出版社，1992 年）。

是炮塔顶部和发动机舱的后装甲板。履带的钢材硬度很大，点50口径的子弹打在上面只会弹飞，没有多大破坏力。有时候凑巧打得坦克履带脱落，但是如果路面坚实的话，坦克仍然可以借助负重轮移动。1944—1945年间，德国人使用的主战坦克有三种，四型坦克是中型坦克，跟美国M4"谢尔曼"式坦克差不多，另外两种都是50多吨的重型坦克，即五型"豹"式和六型"虎"式坦克，"谢尔曼"根本不是这两种坦克的对手。

四型坦克装甲最薄的部位是后装甲板，点50口径的子弹可以穿透，引燃发动机，但是"豹"式和"虎"式基本上不怕扫射，车组乘员只是龟缩在车里，祈求飞机没有挂载炸弹，那样的话他们就完了。曾经有一次，一辆"豹"式坦克被P-47扫射了很长时间，坦克外面的零零碎碎都被打飞，连舱盖也打不开，变形的金属把舱盖牢牢焊住，把车组乘员困在坦克里面。如果能在公路上发现坦克，坦克在离前线很远的地方前进，车体外面捆扎着便携油料和备用弹药，这时候扫射可以引燃油料和弹药，但不一定能摧毁重型坦克，但是扫射肯定会对车组乘员产生心理压力，他们躲在坦克里活像瓮中之鳖，子弹叮叮当当地不停打在坦克身上，不知道什么时候会落下一颗炸弹，要么一枚大炮弹呼啸而来，把他们结果在坦克里。总之，不论在什么条件下，用扫射的方式不大可能破坏坦克。

别以为我们每次执行任务都像去郊游那么好玩，接下来的几次任务就没有以前那么轻松了。11月6日，大队的任务是摧毁迪耶伦东北5英里的一个油库。36架飞机的全部炸弹都落在目标区里，炸毁了6个带房顶的小型营房，爆炸并不太猛烈，好像营房是建在地下的一样。一颗炸弹直接掉进之字形的掩蔽战壕里，但是没有引爆。还有一栋大楼和两栋小一点的房屋被轰塌，一栋房屋被炸以后火焰四射。轰炸之后的扫射破坏了两辆小型机车和一个大火车头，这个火车头当时还拖着至少25节车皮。车皮也挨了扫射，结果不太清楚。代价是3架P-47重伤，还损失了1架P-47。鲍勃·霍格（Bob Hogue）中尉的飞机向云层爬升的时候被密集的高射炮火击中，随后看见部分机尾向下飘落，但是没有看见飞机的其他部分，也没见到降落伞。战后的记录显示，在坠落的飞机里找到了霍格的遗体。在迪耶伦上空扫射的几架飞机遭到高射炮的猛烈射击。

　　空地小组把任务安排得井井有条，我们有更多的时间执行空中支援任务，其中一项任务是根据请求提供紧急援助。我记得，有一次我们按计划完成了俯冲轰炸任务，正要打道回府，越过战线的时候收到空地管制员的召唤（我忘了人名和地点），要求正在上空经过的 P-47 紧急支援。中队的领队长机用暗语验明空地管制员的身份，然后请求行动指示。原来是要我们击退德军的凶猛进攻。我们告诉空地管制员，飞机上没有炸弹，只能进行几轮扫射。识别目标以后，我们就猛烈扫射了几分钟。管制员连连道谢的声音让我们心里好不舒坦。

　　在诺曼底登陆和法国战役期间，第 366 战斗机大队隶属于第 9 战术空军司令部，这个司令部负责霍奇斯将军指挥的第 1 集团军的空中支援。诺曼底登陆刚一结束，巴顿将军的第 3 集团军和负责指挥空中支援的第 19 战术空军司令部就立即行动起来。第 366 大队虽然名列第 9 战术司令部名下，偶尔也调走几天，去支援第 3 集团军。从任务摘要上可以看出，我们现在由哪个战术空军司令部指挥，但是不管由谁指挥，反正都是飞到什么地方去支援地面部队。实际上，我们好像老是在各个战术空军司令部里转来转去，像消防队赶赴火场一样，只不过火势有大有小，而且总是不灭。要是从行政管理和后勤支援上看，我们是隶属于第 1 集团军的第 9 战术司令部。10 月上旬我们大队正式转隶于第 29 战术空军司令部，这个司令部为新成立的第 9 集团军指挥空中支援行动，第 9 集团军的司令是威廉·辛普森（William Simpson）中将。直到 2 月我们才收到调令，所以在许特根森林战役和突出部战役中，我们仍然由第 9 战术司令部指挥，偶尔也为第 3 集团军的第 19 战术司令部出点力。要说我们大队几乎飞遍了整个前线，一路扫射一路观赏欧洲的风景，这话真是一点不假。

　　比如 11 月 8 日那天，我们大队临时配属给奥托·P. 韦兰（Otto P. Weyland）将军的第 19 战术司令部使用两天，支援巴顿将军的第 3 集团军，包围法国的设防城市梅斯，这次行动的代号是麦迪逊。霍奇斯将军的第 1 集团军也同时发动代号为"女王"的攻势，两个集团军第 1 次协同作战，组成双重包围圈。按计划，"女王"将在一两天后开始，目标是科隆附近的莱茵河。

11 月 8 日的任务是轰炸法国康普利克村一个重要的德军指挥部。康普利克在卢森堡东南大约 18 英里的地方，刚好在已经废弃的马其诺防线中段。作战命令上说，整个村子都驻扎着德军指挥部的各个单位，所以我们要瞄准村子中心，让炸弹正常散布，取得预期的效果。这次对敌军指挥部的协同突击由十几个战斗轰炸机大队共同完成，巴顿集团军一发动进攻，我们也开始行动，用 48 架飞机去夷平一个小村庄。

据第二次世界大战历史学家克劳斯·舒尔茨（Klaus Schulz）判断，我们轰炸的可能是德国第 19 国民掷弹兵师的指挥部①。这个师当时正想阻止美国第 90 步兵师从北面的蒂永维尔跨过摩泽尔河，把指挥部设在康普利克。被俘的德国军官说，由于战斗轰炸机袭击指挥部，部队的作战行动延迟了好几天，让巴顿在最后一次进攻向前推进了一大段距离。德国人抱怨说这种攻击有欠光明正大②。

轰炸康普利克以后对萨尔拉蒂恩-特里尔地区的武装侦察期间，又有 10 辆机车、4 辆卡车、1 辆指挥车、3 辆马车和 1 辆公共汽车入账，但是损失了两名优秀军官：艾尔·詹宁斯上尉和莱斯特·斯旺克中尉。阿尔完成了 100 次飞行任务，有命令让他休假 30 天。他自愿指挥最后一次任务，结果被击落阵亡。这次事故以后，规定这类命令都要立即执行，凡是可以归国的人员一律不得升空作战。莱斯特·斯旺克是我休假以前一个月第一个阵亡的人。

轰炸宾根的油库，协助巴顿集团军进攻之后，11 月 10 日我们又回到了许特根森林。第三集团军和第一集团军发起"女王"行动，共同发起第二次进攻，进攻计划于 11 月 11 日开始，如果天气不利，最晚不得迟于 11 月 16 日。第一集团军的攻击目标是科隆附近的莱茵河，也就是说，这个集团军要

---

① 多年以前我应德国米尔巴赫的历史学家和演说家克劳斯·舒尔茨的请求，撰写了几段许特根森林战役期间的空中支援的故事。从那以后，我们一直交流这次战役的信息，参考对方的笔记。

② 杰弗里·佩雷特（Geoffrey Perret），《胜利女神》（纽约：蓝登书屋，1993 年），第 353 页；休·M. 科尔（Hugh M. Cole），洛林战役，第二次世界大战中的美国陆军（华盛顿特区：政府印务局，1997 年），第 389 页。

穿过许特根森林，沿着施托尔贝格走廊从亚琛挺到埃谢韦勒，再继续前进到迪耶伦，然后跨过鲁尔河，进入莱茵平原。然而气候不怎么配合，进攻日期推迟了。进攻需要等待天气转好，这样第八航空队和皇家空军可以进行大规模轰炸，为地面进攻开路。7 月份诺曼底登陆的时候，轰炸行动代号叫作"眼镜蛇"，这次轰炸的规模是"眼镜蛇"行动的好几倍。现在重新阅读这份最高级机密的作战命令，回想当年众多的部队按照宏伟的作战计划投入波澜壮阔的进攻，不禁让人感慨万千，要知道进攻是在一年里气候最坏的时候发动的，地形又是那么糟糕①。我们这伙专门开战斗轰炸机的人也在其中忙个不停。

虽然天气不适合重型轰炸机作战，但是我们完全可以执行任务。11 月 11日这天的目标是科隆到迪耶伦之间的双轨铁路上的桥梁，铁路中段的两座桥分配给第 366 大队，一共出动了 48 架 P-47，结果大获成功，两座桥都被炸塌，捎带还破坏了离桥不远的一座跨路桥。德国人没想到这个地区会遭到袭击，高射炮火稀疏而且打得不准。我们总是把力量全部集中在目标上，而且轰炸效果很好。

天气终于好到可以发起"女王"行动的地步，皇家空军和美国第 8 航空队于 11 月 16 日发起大规模轰炸，第 7 航空队的 1200 架重型轰炸机向埃谢韦勒投下 4000 吨炸弹，皇家空军也轰炸了迪耶伦和鲁尔河上的几个城镇，投弹5500 吨。第 9 航空队的中型轰炸机都为机场上空低垂的云层所阻，低垂的云层和能见度不良也阻挠着我们，但是仍有两个中队起飞执行任务，支援第 4步兵师。

第 391 中队一早出动了 16 架飞机攻击格里镇，炮兵用红色烟幕弹指示轰炸目标。没有仔细观察结果，只看见几栋房子烧了起来。损失了 1 架 P-47，中尉文斯·克拉默（Vince Kramer）在我们这一边的战线跳伞，另一架 P-47 损伤严重。天气坏到了极点，云层遮在 2000 英尺的高度，能见度只有 5英里。

---

① 《第 366 战斗机大队的作战命令——Q 行动》，11 月 9 日，空军历史研究处，亚拉巴马州麦克斯韦空军基地。

第 390 中队下午出动，起飞了 16 架飞机，按照炮兵的红色烟幕弹，轰炸了许特根镇和埃谢韦勒以南的哈米希岭。没有观察战果，但是第 4 步兵师的空地管制员"风琴"说效果很好。皇家空军的 4 架"兰开斯特"式轰炸机在迪耶伦上空被击落，埃谢韦勒上空损失了 4 架 B-17。尽管大团的乌云在 1000 到 2000 英尺的高度翻滚，最大能见度只有 5 英里，他们还是击毁了 3 个火车头和 1 辆卡车。

11 月 17 日的作战命令仍然是支援第 4 步兵师。如果近距离支援办不到，我们就去轰炸桥梁，破坏铁轨，让第 4 步兵师前沿到莱茵河之间的这段铁路完全无法通行。命令规定，中队执行任务的 16 架飞机都要挂载两枚 500 磅炸弹和一个 150 加仑副油箱，每隔一个半小时出击一次，就这样持续一整天。

17 日天一亮，就能看出天气仍然很糟，破布一样的云层从 4000 英尺低垂到 2000 英尺，还有小雨和雾，能见度只有一两英里。天气预报说整天大概都是这个样子，变化不大，大队长决定按计划行动。

第一个出发的是 389 中队，9：41 时起飞，10：37 时到达目标区，"风琴"让他们去轰炸许特根镇，到时候会看见红色烟幕弹指示的目标。目标笼罩在炸弹掀起的烟云里，看不着明确的效果，虽然"风琴"报告说效果不错。然后他们又收到第 4 步兵师的前线空地管制员巴拉德的紧急呼叫，前去扫射格里镇，但还是观察不到效果。飞行员报告说，整个目标区上空都有小口径高射炮的火力，有几架飞机被打中。

第二批出动的是 391 中队，11：24 时起飞了 16 架飞机，也按照"风琴"的指挥轰炸许特根镇，仍然没有看清战果。这个中队然后转而执行武装侦察任务。由于天气转好了一些，云层升高到 4500 英尺，能见度 5 英里，于是分成小队行动，看看有没有值得攻击的目标，结果 4 辆满载着部队的马车、1 辆指挥车、2 辆卡车、1 辆摩托牵引车被弹雨淹没。中队也损失了 4 架飞机，4 名飞行员，有一人后来返回机场。阵亡的三名飞行员是小鲁弗斯·巴克利（Rufus Barkley Jr.）中尉、狄克·（"瑞德"）·厄德曼（Dick（"Red"）Alderman）中尉和格斯·吉尔林豪斯（Gus Girlinghouse）中尉。

没有想到的是，居然还有别人也用同样的内容讲述这次不幸的任务。历史学家克劳斯·舒尔茨和我一样，都对许特根森林的战斗以及德军、美军的地面战斗很感兴趣。舒尔茨采访过埃伯哈德·卡贝茨（Eberhard Kabitz）中尉，他以前是第 116 装甲师第 16 装甲团的高射炮排排长。卡贝茨当年也在许特根森林作战，11 月 17 日这天击落了两架 P-47。飞机就坠落在附近，卡贝茨记下了飞行员的名字，厄德曼和吉尔林豪斯，发现他们都隶属于第 366 战斗机大队第 391 中队。我曾经按照美国方面有关这次任务的记录，核对过第 391 中队的成员，克劳斯也参照德国的记录，做了同样的工作，所以这次可以同时从德国和美国的角度重现这次任务当时的情况①。

　　第 391 中队在这次任务中，跟第 116 装甲师的高射炮部队发生过战斗，高射炮部署在梅罗德城堡周围。这个城堡在许特根森林东北部，往东 8 英里就是迪耶伦。卡贝茨中尉指挥两门 20 毫米四管自行高射炮，这支部队隶属于第 116 装甲师，从许特根森林的施密特地区向明兴格拉德巴赫撤退，进行拖延已久的休息和整编，中途在梅罗德城堡停留。卡贝茨中尉不知道，他们之所以整编，是为了做好准备，参加德国不久就要发起的阿登攻势，也就是现在所说的突出部战役。

　　卡贝茨中尉描述了撤退整编一路上的情况。

　　当时我们隶属于第 16 装甲团第 2 营，从施密特撤退到梅罗德，在城堡的广场上集合，后来又在镇里房子周围的果园里设下阵地，等待装甲部队出发，我们就跟在后面。由于长时间的恶劣天气，谁也没有料到会遭到敌人的空袭。然而 11 月 17 日早晨刚过，两架"雷电"就从西南方向飞来，在很低的空中掠过镇子。我们赶紧让高射炮进入战斗状态。一两分钟以后，这两架飞机又折了回来，高度只有 30 米（100 英尺）。它们接近、掠过的时候，我们对着这两架飞机猛烈开火，两架飞机都带着一路烟火坠落在梅罗德南侧，一架摔在田里，另一架撞进了炮兵部队的马棚。其中一位飞行员可能是从座舱里甩了出来，带着致命伤倒在飞机不远处，另一位烧死在飞机里。

　　空袭之后没多久，装甲兵就动身启程，向朗格韦厄前进。我原来就想让我这个排放在营行军队列的末尾，所以我赶快让排里指挥另一门高射炮的中

①　罗伯特·V. 布鲁尔，《狂扫许特根森林》，《第二次世界大战》杂志（1995 年 11 月）：31~36 页。

士前去坠机现场，中士回来以后把飞行员的证件交给我，还有一张收据，是不久前巴黎的酒吧开具的。后来我把飞行员的证件交给连部。那些炮兵跟中士说，肯定会给那些飞行员举行体面的葬礼。

这次战斗让中士、炮手们，还有我，都得到了二级铁十字勋章。

被击落的飞行员，厄德曼和吉尔林豪斯，可能是在阴雨天气下寻找目标，发现了停放在一起的德国装甲纵队。由于高度太低，飞行员可能无法准确报告目标的位置，由于第一次掠过的时候没有遇上高射炮火，他们又从低空飞回来，结果落到死神的手里。由于天气的原因，中队分散行动，所以战友们谁也没有看见他们坠地。

战斗继续进行，雷电偶尔飞过梅罗德城堡，扫射地面停放的车辆。克劳斯·舒尔茨说，驻扎在梅罗德城堡的另一支高射炮部队也击落过一架 P-47。这支部队是敌方部队，只知道领头的军官是凯恩德中尉，是他把 MG42 高射机枪设在城堡的桥头，击落了这架飞机。当时梅罗德的很多平民都跑到城堡里来，进入深深的地下室里想躲避猛烈的轰炸。前一天英国的"兰开斯特"式轰炸机轰炸了附近的迪耶伦镇，很多炸弹落在梅罗德周围，给镇子造成了严重破坏，导致了超过 60 人丧生。躲藏在地下室里的平民里面，有一位小男孩名叫阿尔伯特·特罗斯多夫（Albert Trostorf），他和小伙伴们从地下室偷偷溜出来，想见识一下城堡周围的战斗。他们看着 P-47 战斗轰炸机攻击城堡附近的装甲车，眼睛都睁圆了。特罗斯多夫看见凯恩德中尉对着 P-47 开火，子弹打中了飞机，飞机起火掉进梅罗德南面的树林里①。

凯恩德（Kind）中尉击落的这架飞机，飞行员就是小鲁弗斯·巴克利，飞机坠落在一片沼泽地里，紧挨着许特根森林难以通行的地段。巴克利的小队长亨利·柯林斯（Henry Collins）中尉讲述了这次事故。巴克利中尉是我这个小队（黄色小队）的 2 号机，我们刚刚在迪耶伦附近扫射了三辆马拉的补给车，当时车子正想躲进树林里去，然后改变航向，向着埃谢韦勒的集合点飞去。巴克利中尉可能是发现了目标，没有向我报告就下降高度扫射。我

---

① 感谢德国梅罗德的小阿尔伯特·特罗斯多夫（Albert Trostorf Jr.），讲述了他父亲亲眼所见的情况。

们看见他的曳光弹打中车辆，就在森林边缘的城堡外面，但是他没能从俯冲中拉起，一头撞进树林。失去了巴克利中尉让我们伤心不已。他是个优秀的飞行员，出色的年轻人，队里的人都很喜欢他。

另一位飞行员，斯坦·索贝克（Stan Sobek）中尉还记得这次任务，这是他的第一次战斗任务。

我忘不了许特根森林的那次任务，那是我第一次参加战斗，当时我是小队长亨利·柯林斯中尉的僚机。我们中队全体出击，4 个小队（16 架飞机）在低空飞行，扫射坦克、机动车辆，还有马车。高射炮打得又准又狠。我看见巴克利中尉的飞机坠落、燃烧，另外两架 P-47 落在地上变成火球。我们集合的时候，只有 12 架飞机返航。这次经历吓得我心惊肉跳，过了两个礼拜才恢复正常。我是来替补的飞行员，不认识吉尔林豪斯和厄德曼，但是跟巴克利很熟，他很照顾我。巴克利也是宾夕法尼亚人，家住尤宁敦，离我家 20英里。

有一点值得回味。柯林斯中尉的小队从装甲纵队头上飞过，只有鲁弗斯·巴克利发现他们。德国人是伪装高手，既然敌人掌握着制空权，他们的伪装技术也到了家，甚至一名飞行员向目标扫射的时候，其他几个人仍然什么也没发现。由于树林下面一片昏暗，许特根森林里的伪装效果也更好。

昆汀·安南森（Quentin Aanenson）中尉驾驶的飞机报废。他在俯冲轰炸的时候飞机严重受损，好在还能挣扎着飞到一个美国的战斗机前进机场迫降①。他后来回忆说：

我们接近目标区的时候，云层高度只有 4500 英尺，我们不得不下降高度。周围一片黑暗，昏沉沉的，地面上的大炮喷射着火焰，高射炮弹在空中爆炸。眼前的场景跟地狱差不多。就在我滚转着进入俯冲轰炸航路的时候，头部后方的座舱盖中弹，当我从目标上空拉起的时候，飞机又被击中。我掉头向战线西边飞去，运气真是不错，我发现了一个美国的战斗机前进机场，就在那里迫降。几个小时以后我回到自己的机场，他们已经在任务调度板上

---

①　昆汀·安南森用录像带记录了他在第二次世界大战期间的经历，名为《战斗机飞行员的故事》。这部优秀的个人纪录片在电视台公映，可以到音像店租看。

把我列入"战斗中失踪"人员。

瑞德·厄德曼和格斯·吉尔林豪斯跟我同住一个帐篷,名叫"达菲客栈","客栈"里除了他们俩,还有约翰尼巴瑟斯特和我。11 月 17 日这天晚上真是难熬,我们给他们俩收拾行李,寄回家里去。在三个星期的时间里,约翰尼和我送走了"客栈"里的四名飞行员,最后只剩下我们俩。我们俩知道,得想个招保住自己的小命,所以不让任何人走到"客栈"里来。就这样,我们俩一直坚持到 11 月下旬,直到大队转场到比利时阿施的 Y-29 机场。

面对同伴的离去,昆汀比我们更容易动感情。这就是当时的生活,只能处之泰然。我们为飞行员和家属们感到悲伤,但是战争总得有人牺牲,这是不可避免的。

当我正在研究许特根森林战役的时候,我幸运地收到了一条信息,是斯坦·索贝克发来的。斯坦找到了鲁弗斯·O. 巴克利(Rufus O. Barkley)中尉的弟弟戴维·巴克利(David Barkley),他还住在尤宁敦。我联系了戴维·巴克利,随着他感人的叙述,这篇故事也开始接近尾声。按照柯林斯中尉的作战报告,鲁弗斯·巴克利的坠机现场在许特根森林里几乎没法通行的地方,直到 1946 年当地的小男孩约瑟夫·舍尔(Josef Schell)在树林里捡柴火的时候发现飞机残骸,原地未动。美国阵亡军人登记处的官员收到报告,前去寻找遗体,从现场找到的身份牌和衣服确认这就是巴克利中尉。官员鼓励残骸的发现人约瑟夫写信给已故飞行员的父亲老鲁弗斯·巴克利(Rufus Barkley Sr.),好让巴克利一家消除多年来失去亲人的痛苦。直到今天他们一直保持着信件往来。戴维还提到,1955 年他也曾经入伍,在德国服役。他跟约瑟夫·舍尔见了面,一起察看了他哥哥的坠机现场,小块的飞机残片至今还留在那里。

多亏克劳斯·舒尔茨和埃伯哈德·卡贝茨中尉的会晤,小鲁弗斯·巴克利中尉阵亡的情况和阵亡的地点终于有了着落。小鲁弗斯的遗体得以返回美国,安葬在宾夕法尼亚州尤宁敦的家庭墓地里。

巴克利一家对这件事感到欣慰,巴克利中尉的侄女玛西雅·巴克利·罗斯(Marcia Barkley Ross)更是感激不尽。她特地去了一趟许特根森林和梅罗德城堡，会见克劳斯·舒尔茨和约瑟夫·舍尔，站在她叔叔当年阵亡的地方。她从德国旅行回来以后给我的信件里，字里行间充满了她对这件事的强烈感情。

第 391 中队受创之后，390 中队继续执行许特根森林的攻击任务，这时候中队只有 12 架飞机，原来有 16 架。准确的投弹破坏了两个交叉路口，一个在克莱因豪斯，另一个在施托尔贝格，道路修复之前交通一直处于中断状态。中队没有观察到轰炸和扫射的其他战果，但是有报告说，埃谢韦勒出现了美军。几辆俘获的德国装甲车全身都涂成白色，可能从第 116 装甲师的补给地域来的。刷上白漆是为了给阿登进攻做准备，这场进攻预计 12 月开始，那时候可能下雪。

第 389 中队领受了另一项任务，但是天气实在太坏，他们带着炸弹返回机场。期待已久、发动全面进攻穿过许特根森林的第一天，就这么结束了。

第6章　许特根森林之战：一决高下

头两个星期的战斗表明，这场战役肯定战斗激烈，而且长时间地折磨人的神经。美国地面部队和担任支援任务的战斗轰炸机得一路奋战，遭受惨重的损失才能穿过这座该死的森林。

"女王"行动刚开始两天，大队就损失了 5 架飞机和 3 名飞行员，还有 6 架飞机严重受损，送到大队的修理部修理，我们中队也有 10 多架飞机需要维修。这真是开局不利，而德国人已经在森林里摆开了阵势，重型高射炮在那等着我们。我们都盼着天气好起来，这样可以飞得高一点，躲开 20 毫米高射炮的炮火，整个森林里都是这些要命的高射炮。冬天来了，这个指望也落了空。现在只能奉命行事了。

中队长召集飞行员开会，宣布了几条新的训令。德国人现在也开始使用红色和白色的烟幕弹，想用这个方法干扰我们的攻击，所以现在用新的烟幕指示方法防止误击友军。以前炮兵只用红色烟幕弹指示目标，现在则用别的颜色，甚至多种颜色向目标开火，而且是先发射普通炮弹，然后才使用烟幕弹。为了允许轰炸和扫射的弹着点尽量靠近我们自己的部队，空地管制员要使用规定的指示方法，希望这种方法能够减小友军遭到轰炸、扫射的概率。

这时候大部分物资都得通过诺曼底海滩运进来，补给状况越来越差。我们已经把杀伤炸弹扔了个干净，副油箱也快用光了。形势已经糟到这种地步，第 9 战术空军司令部向我们下令说，俯冲轰炸之前不要抛掉空副油箱，我们听了都垂头丧气，因为一旦地面炮火击中副油箱，里面残留的燃料和油烟很容易爆炸。尽管这样，我们还是恭敬从命。命令还让我们忽视加挂副油箱的时候速度不得超过 250 英里/时的限令，俯冲速度尽可能快，为了防止副油箱脱落撞坏飞机。

我在 400 英里/时的速度下俯冲了很多次，副油箱也没有掉下来过。我也没见过谁的副油箱被高射炮击中之后爆炸。反正担心和反对都没有作用，干脆豁出去算了。

第二天天气转好，不会影响我们支援第 4 步兵师。这一次战地空地管制员给了第 390 中队一个好任务，让他们实施武装侦察，他们也干得不错，用炸弹解决了 3 辆卡车、3 个火车头和 4 节车皮，还扫射了 25 到 30 节铁路车厢，不顾地面上 4 个高射炮阵地朝着他们开火。小口径高射炮的密集炮火布满整个天空，打得很准。杜安·伦德（Duane Lund）中尉被击落，另外两架飞机受了重伤。飞行员报告说，伦德在奥伊斯基兴附近跳伞，有人在地面上看见他的降落伞。杜安是我 10 月休假以后损失的第二名飞行员，他被德国人俘虏，1945 年 4 月被美军解救。

第 391 中队被派去轰炸克罗伊曹镇中心的一个敌军指挥部，这个地方在鲁尔河上，迪耶伦的南方。报告说轰炸效果极好，整个镇中心已经成了一片废墟。猛烈密集的高射炮火重创了 3 架飞机，他们只好赶快往回飞，最后在战场附近迫降。一开始这 3 名飞行员都被列入失踪名单，但是后来又都回到机场。

我们一般都设置一个"警报"小队，4 架飞机停放在跑道旁边，准备随时起飞打退敌人的空袭。各个小队轮流执行这项无聊的任务，德国空军很少飞过来跟我们争夺制空权。警备小队只是偶尔起飞，前去什么地方看看有没有"妖怪"（不明飞机）。这样的巡逻往往无功而返。

第 389 中队的 16 架飞机接着飞向高射炮火密集的许特根森林战场。8 架飞机向埃谢韦勒附近的红色烟幕投弹，威廉·菲利普斯（William Phillips）中尉在轰炸的过程中被击落。

以下 24 张照片分别解释如下。

（1）刚刚晋升中尉的鲍勃·布鲁尔

(1)

（Bob Brulle），摆出一副老飞行员的样子。

（2）第二次世界大战期间主要的格斗教练机，波音 PT-17（美国空军博物馆）。

(2)

（3）布鲁尔中尉在空中射击训练期间，在佛罗里达州艾格林机场 6 号辅助跑道上跟北美 AT-6 高级教练机合影，1944 年 3 月（布鲁尔收藏的照片）。

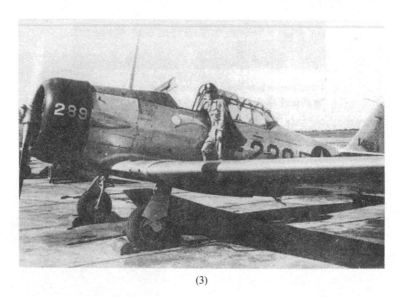

(3)

（4）采用削背式座舱盖的 P-47D-2 型战斗机（美国空军博物馆）。

(4)

（5）采用气泡式座舱盖的 P-47D-26 型战斗机（美国空军博物馆）。

(5)

　（6）从空中俯瞰法国诺曼底奥马哈海滩圣-彼埃尔-杜蒙（St. Pierre-du-Mont）的机场的 A-1 号跑道，1944 年 7 月。左上方是奥克角，可以看见英吉利海峡中的补给船队。第 366 大队（P-47）在靠近海峡的一侧；照片上的近处是第 370 大队和第 341 中队（P-38）（美国空军）。

(6)

（7）B2-U 机场的地勤人员欢迎埃米尔·贝茨（Emil Bertza）中尉，他刚从法莱斯包围圈执行任务归来。跟埃米尔握手的是地勤组长莱顿·摩尔（Leighton Moore）中士，莱顿身边的人（从左到右）是地勤副组长格仑·奥格尔维（Glen Ogelvie）中士、鲍勃·德·维尔比斯（Bob De Vilbis）中士和上士伊萨克·布鲁克（美国空军）。

(7)

（8）战斗机飞行员终于参战了（布鲁尔收藏的照片）。

（8）

（9）查克·本内特（Chuck Bennett），训练时的伙伴，终生的朋友，身穿飞行服准备执行任务（布鲁尔收藏的照片）。

（9）

（10）巴尼·巴恩哈特（Barney Barnhardt）少校的 B2-B，绰号"乡绅吉姆"，停放在 A-1 跑道上。这是一架 P-47D-27，也是大队接收的第一架气泡式座舱盖的 P-47（布鲁尔收藏的照片）。

(10)

（11）一队 P-47 从空中掩护打先锋的装甲部队（美国空军）。

(11)

（12）P-47 破坏德国人设置的路障（美国空军）。

(12)

（13）我的几个比利时亲戚，家住奥尔德海姆，这是我的老家。最左边是我的叔叔彼得（怀里抱着的是他的孙子）和我的婶婶爱丽丝；其他的都是堂兄弟姐妹。只要我出国，我就尽可能去探望他们。注意他们脚上穿的木鞋。老宅已经有200年的历史了（布鲁尔收藏的照片）。

(13)

（14）战斗轰炸机的克星，德国的8吨牵引车改装的四管20毫米高射炮，也叫自行高射炮。战争的大部分时间里，这种炮都没有装甲战斗室，只有帆布顶棚（感谢德国国防军军需部、国防科技科学博物馆友情提供）。

(14)

（15）查克·本内特的飞机，B2-BAR，停放在 Y-29 机场上，随时待命出击，1945 年 1 月。注意飞机上的宽叶螺旋桨（安装在某些型号的 P-47D-28-RA 飞机上）（布鲁尔收藏的照片）。

(15)

（16）1944 年 12 月 31 日，第 389 中队的卡尔·哈尔伯格（Karl Hallberg）中尉在 Y-29 机场着陆的时候，一颗 500 磅炸弹从飞机上掉了下来，好在人没事，只是头部负伤、脑震荡，在医院里住了几天。他因此得到了"第 366 大队运气最好的飞行员"的称号（美国空军）。

(16)

（17）杰克·肯尼迪（Jack Kennedy）在 1945 年 1 月 1 日的空战之后展示飞机中弹的方向舵。右侧机翼已经严重变形（杰克·肯尼迪收藏的照片）。

(17)

（18）B2-J 在 30 分钟内重新装弹、加油完毕。前景上的人正在挂载 500
磅炸弹。空军中士阿尔·恰普利茨基（Al Czaplicki）正在给油箱加油。站在
另一侧机翼上的是中士吉姆·海泽（Jim Hizer），正在给飞机加注燃料。雷·
约翰逊（Ray Johnson）中士是军械士，没有在照片上露脸，他正在清理右侧
机翼上的机枪，装填弹药。军械士和挂载炸弹的人在飞机的两侧轮流作业直
到工作全部完成（布鲁尔收藏的照片）。

(18)

（19）中尉克劳德·霍尔特曼（Claude Halterman）坐在 B2-J 里待命出击，1945 年 2 月 28 日。他在这次任务中阵亡，当时他在德国科隆东北 20 英里的地方扫射地面目标（布鲁尔收藏的照片）。

（19）

（20）中士吉姆·海泽，正在德国明斯特 Y-94 机场的 3 号跑道上对B2-J的发动机进行日常保养（布鲁尔收藏的照片）。

（20）

（21）照片里的我。所以我还想得起来，高速火箭弹用临时挂架安装在抛壳道下方，所以我们得把火箭弹全打出去才能开炮，要不然抛壳道甩出来的弹链和子弹壳会把火箭弹的点火线打断（布鲁尔收藏的照片）。

(21)

（22）战争结束了，我们也把军用鞋油和擦皮鞋的习惯带回了家。弗雷德·凯斯（Fred Keys）（左）虽然穿着军装，有点随随便便的样子，而唐·德韦克（Don DeWyke）（右）则显得规规矩矩，掩饰不住脸上的笑容（布鲁尔收藏的照片）。

(22)

（23）第366战斗机大队第390战斗机中队的军官们在一起合影，1945年5月，德国明斯特Y-94机场。（前排从左到右）：拉克利（Lackey）、尤厄尔（Ewell）、琼斯（Jones）、布鲁尔、西尔斯（Sills）、吉布森（Gibson）、埃迪（Eddy）、霍金斯（Hawkins）、克伦克（Cronk）、克罗韦尔（Crowell）、埃尔茨（Eltz）；（第二排）：麦卡利（McCarl）、D. J. 罗斯（D. J. Ross）、佩斯里（Paisley）、基布勒（Kiebler）、雷·肯尼迪、戴维斯（Davis）、蒙斯（Mohns）、伯纳德（Bernard）、戈登（Golden）、康吉（Conger）和吉美尔（Gimill）；（第三排）：里克（Riek）、S. A. 罗斯（S. A. Ross）、彭德格拉夫特（Pendergraft）、斯图尔特（Stewart）、布罗滕（Brotten）、L. B. 史密斯（L. B. Smith）（中队长）、基廷（Keating）（副中队长）、克劳福德（Crawford）（联络军官）、克拉克（Clark）（武器军官）、利伯曼（Lieberman）（司务长）、伦迪（Lundi）、本顿（Benton）；（后排）：法内尔（Farnall）、皮克顿（Picton）、巴雷特（Barrett）、德韦克（DeWyke）、麦克莱因（McLean）、埃布赖特（Ebright）、科因（Coyne）、凯斯（Keys）、斯塔兹（Staz）、约翰逊（Johnson）和沃兹尼亚克（Wozniak）。

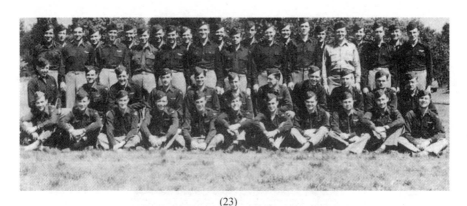

(23)

（24）第22空中加油中队的KC-135R正在给第391战斗机中队的F-15E加油，该中队隶属于空中远征联队第366大队，这个大队一直沿用第二次世界大战期间第366战斗机大队的番号（感谢波音公司提供的照片）。

(24)

　　他的飞机着了火，但是别人看见他成功跳伞。菲利普斯当了战俘，1945年 4 月被美国部队解放。其他飞机按照烟幕弹的指示轰炸了一个炮兵阵地，想把重炮打哑，然后又破坏了梅罗德城堡附近的一段公路。

　　许特根的重型高射炮打得很准，第 390 中队只剩下 9 架飞机可以继续执行任务。我现在已经是中队里的老飞行员，当上了小队长。下一个轰炸目标是格罗斯瑙。进入轰炸航路的时候我听见霍默·谢弗（Homer Schaeffer）的紧急呼叫，他刚在我前面投完了炸弹，"损伤严重，需要跳伞"。但是已经来不及了，高度太低，而且这时候飞机还在以 45 度的角度俯冲。谢弗的飞机就在我前面的地面上爆炸，地上留下 P-47 飞机的轮廓。我观察了一下打中霍默尔的高射炮阵地的位置，投弹以后马上拉起，扫射这个阵地。阵地伪装得很好，我仔细盯着它，生怕错过了位置。我在报告里只提到扫射，但不知道扫射的效果如何。这些高射炮阵地到处都是，老是盯着我们不放，这回有机会报复一下真是解气。霍默尔是我 10 月休假以后中队损失的第三名飞行员。

　　我们轰炸以后，空地管制员报告说有敌人在格罗斯瑙以东活动。于是我们飞过去观察情况，发现一队德国马车隐藏在山脚下林木覆盖着的乡村道路边。接下来的一幕让我领略到战争的残酷。我向停在一起的马车扫射之后拉起，突然看见一门大炮，用两组挽马拖曳。马被飞机的咆哮声和机枪的嗒嗒声吓得脱了缰，在大路上来回乱跑。我把飞机兜回来，盯着那些马，当马出现在瞄准具中间的时候，我犹豫了一下。我不愿意把马打死，但是光顾忌马怎么能毁掉大炮呢？我短暂扫射了一下然后斜着飞过去，看见打倒的马匹和解体的大炮散落得到处都是，整个路面一片狼藉。幸好我是在空中作战，这样的影像只是一瞥而过。我们击毁了至少 11 辆大车，其中好几辆都装载着重炮。

我每次执行任务可能都要打死打伤几个人，这回打死马匹心里倒有点内疚，听起来好像很奇怪。其实我在纳粹德国上空作战的时候，不论是子弹打中人还是什么别的东西，我都没有一点负罪感。我从来没有向农田里孤零零耕地的人开过火，但是如果有机会，我会立即扣动扳机，眼睛也不会眨一下。这个人种出来的土豆可以提炼酒精燃料，推动 V-2 导弹去轰炸伦敦。纳粹德国是个邪恶的地方，是他们让战火烧遍了整个世界，这就是他们应得的报应。我们大多数人都是这么想的。只不过，我们都发誓，不向跳伞以后在空中飘浮的德国飞行员射击，但不是所有人都发了誓。

第 391 中队在战场上盘旋的时候，坦克部队一位名叫布龙科的空地管制员要求中队立即前往格罗斯瑙，那里有一辆"虎"式坦克。他们为了找到目标很花了点时间，最后还是发现了目标。4 架飞机投了炸弹，投弹的时候瞄得挺准，炸弹不是正中目标就是落在目标附近，大概把坦克消灭了。这时候斯威普·斯特克（Sweepstakes）又来了命令，要我们去格罗斯瑙附近轰炸一个像是城堡的建筑物，大伙于是把坦克丢在一边，把剩下的炸弹都投了下去，报告说目标破坏严重。就这样，我们又在森林上空密集的高射炮火中度过了一天。

晴朗的天气一直持续到 11 月 19 日，中队又执行了 6 次任务。作战命令规定我们支援第 4 步兵师，实际上我们在战场上到处跑，哪位管制员发现了值得攻击的目标，就可以随时召唤我们。后勤部队补足了杀伤炸弹，这回终于可以按照作战命令的要求，一半飞机挂载两颗 500 磅炸弹，另一半飞机挂载两颗 260 磅的杀伤炸弹。

这 6 次任务都很典型；对茂密树林下看不见的目标进行俯冲轰炸，扫射偶尔发现几台车辆，然后把飞机急速拉起。这一天，第 389 中队的一位飞行员座舱中弹，碎玻璃扎进了他的眼睛，第 390 中队损失了约翰·加拉格尔（John Gallagher）中尉，最后看见他的时候，他正在迪耶伦东北 3 英里的地方低空扫射。没有听到他的呼叫，谁也不知道具体情况。战后的记录显示，他扫射的时候撞进火车调车场，飞机的碎片飞得到处都是。没有找到他的遗体，他的名字被刻上荷兰美军公墓的失踪人员纪念碑。

下一天机场升起了大雾，我们高兴地休息了一天，有机会回想一下这个新战场的战斗行动，战斗真是残酷极了。前三天为了支援第 1 集团军穿过许特根森林的攻势，大队损失了 7 名飞行员，几乎是现有飞行员的 10%，按照这个速度损失下去，看来我们谁也过不了圣诞节。而且飞机的战备率也低，没有几架飞机可用。

下一个星期阴云低垂，很多支援地面部队的任务都取消了，我们看不见目标，只好用雷达引导投弹。这期间我们还执行了几次护航任务。第 389 中队这回遇上了一场激烈的空战。那天他们派出 16 架飞机为 B-26 轰炸机护航，想去炸掉科隆附近的几座铁路桥。可能是天气恶劣，轰炸机没有出现，说起来他们真是走运。护航的战斗机按照马尔米特的指示转向杜塞尔多夫，去察看雷达屏幕上出现的可疑目标。他们爬高到 18000 英尺，发现下面 13000 英尺高度上有 60 多架 Me 109，于是调整位置，背着太阳冲了下去，在 10 分钟的空战中击落 10 架敌机，击伤 3 架，还有 3 架可能击落。亨利·施特鲁特（Henry Struth）上尉在空战中被击落阵亡，后来葬在荷兰美军公墓，另一架 P-47 重伤，挣扎着返回机场。

11 月 25 日天气稍有好转，各个中队都出动执行对地支援任务。仅有的几个目标不是被轰炸就是遭到扫射，但是没有值得一提的重大战果。第 389 中队执行任务的时候，发现了某个德国炮兵阵地射击的闪光，于是轰炸、扫射了这个阵地，然而没有观察到什么结果。

这一天的任务完成之后，飞机在新机场：比利时的 Y-29 机场着陆。中队的其他飞机自己飞了过来，没有飞机的飞行员和地勤人员乘坐 C-47，各种装备都用卡车和拖车运送。更换机场期间我们一次任务也没有落下。

11 月 26 日我们就从 Y-29 出击。现在不用挂副油箱了，飞 10 分钟就能到前线。离前线这么近，我们更有机会飞到这座阴沉沉的森林上空执行任务，到了最后真是对任务心生厌倦，憎恨机翼下的这座许特根森林。这不仅是日复一日的折磨，还有可能让人丢掉小命。

第 389 中队第一次从 Y-29 机场起飞执行任务。由于战场上的飞机太多，空地管制员就让这个中队自己寻找目标。他们发现科隆附近有一块空地，然后轰炸了霍勒姆镇，但是没有多少战果。返回机场的时候他们注意到云层正离开战场，向东南方向移动。

第 390 中队第二个出动，派出 12 架飞机。我在斯米梯的中队里担任红-3 小队的队长。这是来到 Y-29 新机场以后的 10 天里，我和斯米梯第一次一起执行任务。这次任务打消了我想当中队长的念头。天气不适合俯冲轰炸，然而我们还是按照司坦桑的要求，尽量搜索目标，还轰炸了格里和格罗斯瑙。

我们完成任务以后，结成紧密队形，把航线指向 Y-29 新机场。我的图囊里带着航路图，但是我没太注意中队的飞行方向。由于队形紧密，飞行员都离领队长机很近，不用紧紧跟在长机屁股后头。我们靠近机场的时候，我听见突然斯米梯说道："鲍勃，你带他们返航行吗？"就这样，我突然一下子成了中队的领队长机，可是我实在不知道我们现在的位置，也不知道该往哪个方向飞。最后还是斯米梯第一个飞到 Y-29，我原来一直以为他也不太肯定机场的方位。我们发现机场之前，机场的无线电测向台已经几次发送归航信号。Y-29 机场并不是想故意伪装自己，但是机场的跑道是用绿色穿孔钢板在绿色草地上铺成的，两边都是绿色的松树，如果不仔细看的话很难发现机场在哪里。着陆以后我心想，他们以后不会让我当中队长了，我也知道这不完全是我的错。有一阵子我曾经想申请调到别的大队，后来还是打消了这个念头。难过是暂时的，我会失去伙伴们，这几个月建立起来的亲密关系也会白白丢掉。于是，我失望的心情又慢慢释然了。

这一天剩下的任务照例为低云和浓雾所苦。我们在烟幕弹的指示下轰炸、扫射森林里的目标，努力躲开高射炮火，但是喷着白烟的高射炮一路跟随着我们。华莱士·邓顿（Wallace Dunton）中尉这回运气不好，他的飞机被击中，起火燃烧，邓顿从飞机里跳出来，但是降落伞没有打开。我对邓顿印象很深，他是第 390 中队第一个跟我打招呼的人。

一架重伤的 B-17 在我们的新机场上紧急迫降，差点给我们带来一场灭顶之灾。我们看见头顶上有一队 B-17 轰炸机执行完任务返航，突然又有三架 B-17 进入视野，飞行高度只有一两百英尺，径直向我们的机场飞来，而跑道那一头有几架 P-47 正在滑跑起飞。这三架 B-17 射出红色信号弹，P-47接到警告之后赶紧规避，勉强躲开轰炸机。我们看见一架 B-17 的三个发动机都在冒烟，迫降的时候只有左舷外侧的发动机还在运转。另外两架 B-17 显然是在护送这架飞机。重伤的轰炸机在即将触地的一刹那，右侧机翼猛地下沉，我们全都把心提到了嗓子眼儿里，等着轰炸机侧翻，然后炸成一团火球。好在飞行员奇迹般地摆正了机翼，安全着陆。救援车和救护车立即向前驶去。这架 B-17 隶属于第 92 轰炸机大队第 327 中队，驻扎在英格兰的博丁顿，它的球形炮塔炮手被打死了，还有几名机组人员也被德国人的炮火打伤。

　　11 月剩下的日子里，几乎所有的任务都是支援第 8 步兵师进攻勃兰登堡和伯格斯坦，每天出击 5 到 7 次，大多是轰炸和扫射这两个镇子，伯格斯坦东部遭到的轰炸最多，这个地方的正式名称叫作 400 高地，因为高地的标高是 400 米，但是我们管它叫城堡山，因为高地顶部的形状看起来像是城堡。德国人在这里建立了观察哨，所以我们隔一段时间就对它轰炸扫射一阵。迪耶伦西郊的格鲁岑尼希有一个德国的重炮阵地，也是我们经常照顾的目标。这个阵地的位置很好，德国人的火力可以覆盖大半个森林，而且伪装得极为出色，我们根本发现不了。这就要按照地图的坐标投放炸弹，有时候我们的炮兵也用烟幕弹指示阵地的位置。

　　克劳斯·舒尔茨寄给我的地图上标着这些炮兵阵地当年的位置，我们轰炸的坐标离大炮的位置约莫半英里远，真是好笑。大炮伪装得实在太好了，要是不开火，我们根本不知道它们在哪里。难怪我们一直对它轰炸，但是一点效果也没有。

　　日复一日地在同一个地方反复执行徒劳无功的任务，地面部队看起来好像一直在原地踏步，我们都很沮丧。什么时候才能离开这座森林，远离要命的高射炮火？我们一直都是奉命行动，支援地面部队，跟天气和德国人搏斗。在这段时间里我们不停地起飞降落，执行的都是这样的任务。

　　在一次任务中，我们捣毁了一个兵营，就在勃兰登堡西北不远的地方。返航的时候我看见路边停着几辆车，说是路，倒不如说乡村小道或者防火隔离带更确切一点。我报告了情况，别的人都没看见下面的车辆，所以他们让我去"结果它们"。俯冲的时候我发现实际有五辆车，都是公共汽车。我对准其中两辆狠狠地扫射了一通，其他三辆也挨了不少子弹。总结战果的时候我报告说可能击毁了两辆，打伤三辆。这件事第二天上了新闻，那些车辆还真是公共汽车，看来德国陆军的后勤运输已经到了山穷水尽的地步。有意思的是，官方报道夸大了战果，说是击毁两辆，可能还有三辆也被击毁。

第 390 中队转而向南，避开了伯格斯坦-勃兰登堡上空密集的高射炮，飞向埃尔夫特河边的卡莱。一架侦察机的飞行员发现一列火车载着军用车辆，停放在调车场上。这个中队赶到现场，发现火车伪装得很好，正在卸下坦克，差不多有60 辆。中队借着昏暗的天色发起攻击，用轰炸和扫射摧毁了 6 节载着坦克的平板货车。党卫军第 12 装甲师也参加了阿登战役，该师隶属于德国第 1 装甲军，这个地方就是他们的出击地域，这时候他们可能正想让坦克进入进攻阵地。

可惜的是，发现火车的时候已经接近黄昏，再次出击已经太晚了。第二天早晨 389 中队被派出去搜索、轰炸火车。火车找到了，但是德国坦克已经下了火车，躲藏起来。这个中队只好折回来，轰炸扫射伯格斯坦和勃兰登堡。一架飞机被高射炮击落，飞行员跳伞，安全落在美军战线的这一边，几个小时以后就回到机场。

警备小队的无聊任务有时候也会让人兴奋一阵子。第 390 中队和第 391 中队各派出两架飞机去攻击德国飞机，他们正在扫射我们的部队。小队赶到现场的时候，德国人已经走了。没过多长时间，第 389 中队的两架飞机和第 390 中队的两架飞机又编成第二个警备小队，去拦截正在扫射我方阵地的德国飞机。这一回他们刚到，德国的 FW 190 战斗机又飞走了。德国空军在战斗中支援己方部队的事极不寻常，我们都心痒痒的，想知道到底是什么原因。

轰炸、扫射了格鲁岑尼希附近的几个炮兵阵地之后，斯威普·斯特克让第 390 中队退出，去轰炸扫射梅罗德。那里的美军被德国人包围，急等着救援[①]。四架还有炸弹的飞机派了出去，轰炸了一番，然后所有的飞机开始扫

---

① 麦克唐纳，《齐格菲防线之战》第 490 页。被包围的部队隶属于第 26 步兵师，都被消灭了。

射地面。高射炮把其中一架打成重伤，差点没能回家。

第 389 中队的 12 架飞机发现了勃兰登堡的目标，已经进入俯冲轰炸航路，这时候斯威普·斯特克叫他们停止攻击，去跟马尔米特联系，他有更重要的目标。侦察机发现一列火车载着坦克，马尔米特让他们飞向奥伊斯基兴，这可真是个肥差。他们扑向伪装的火车，直接攻击了 6 次，击毁 8 辆坦克。一枚近失弹波及旁边的一辆大坦克，这辆坦克炸开了花，为后面赶来的 P-47 中队指示目标。这次任务生动地表明第 9 航空队制定的这套空中管制和快速反应程序真是有效，只要发现目标就能立即发动攻击。

尼德根（Nideggen）是鲁尔河畔的一个镇子，河对面就是伯格斯坦，第 389 中队派出 10 到 12 架飞机攻击这里的目标。红色烟幕表明中队要对尼德根的目标区投弹，飞机轰炸完毕拉起的时候，另外两架飞机冲下来扫射附近的树林。树林里埋伏着中型和轻型高射炮，我们攻击伯格斯坦和勃兰登堡的时候一直朝着我们射击。飞机朝树林里随意投下 4 颗炸弹，然后整个中队对着树林扫射了好几轮。我们满意地看到树林里沉寂下来，至少会安静一段时间。中队还扫射了几辆马车，其中一辆显然装着弹药，吉姆·泰勒（Jim Taylor）中尉从它上方飞过的时候正好发生爆炸，飞机受了重伤，幸运的是还能飞回机场，安全着陆。1945 年 3 月，泰勒上尉在扫射虎式坦克的时候阵亡，当时坦克正想消灭莱茵河边的美国桥头堡。这是他第 102 次飞行任务。规定飞行员完成 100 次任务可以休息 30 天，但是怎么没有人提到这条规定呢？

第 391 中队执行任务的时候收到一个很不寻常的命令。他们当时正在勃兰登堡和伯格斯坦的老战场上盘旋搜索目标，命令他们轰炸扫射干草垛边上发现的一个炮兵阵地。大伙花了很长时间，寻找需要攻击的那几个草垛，但是天气太差，目力所及还不到 1 英里，所以也不知道攻击的效果。

12 月的头两天里，大雾弥漫，云层低矮，还下起了雪，只能依靠雷达投弹。12 月 3 日天气仍然很坏，但是上头命令我们执行规定的任务，不必考虑天气情况。命令来得很是及时，寒冷的西伯利亚高压正向这边移动，战场上空开始放晴。这一天执行了 4 次任务，都是支援第 8 步兵师，任务完成得很好。第 390 中队的 11 架飞机于 8：15 时升空，8：30 时抵达勃兰登堡和伯格斯坦的目标区。第 8 步兵师的空地管制员司坦桑把我们转交给第 5 装甲师的前进空地管制员，名叫阿道夫·埃布尔（Adolph Able）。他正率领着汉贝格特遣队的坦克，该特遣队隶属于第 5 装甲师的 R 作战指挥所。汉贝格特遣队在第 8 步兵师第 28 步兵团的配合下向前进攻，打算占领勃兰登堡。我们的任务是消灭勃兰登堡北侧的三座房屋，德国人已经把房屋加固成堡垒，在里面安置了大口径的反坦克炮，进攻路线被封锁，要求我们炸毁堡垒，为地面进攻开路。我们俯冲轰炸的时候，地面部队就发起进攻。中队在阿道夫·埃布尔指导下转了一圈，发现了敌人的火力点，每座房屋都分配了几架飞机，每个人都知道自己该炸哪一栋房子。俯冲轰炸效果好极了，每一座堡垒都被炸弹直接命中几次，让阿道夫·埃布尔欣喜若狂，在无线电里大喊大叫"炸中了，炸中了！""现在去扫射这些王八蛋"。我们扫射了别的几栋房屋，还有镇边上的树林，摇摆着机翼从地面部队上空飞过，他们正向镇里开去。后来我们的弹药都用光了，阿道夫·埃布尔还让我们继续骚扰德国人，让他们只顾着隐蔽。好在这时候第 391 中队的 12 架飞机赶来接替任务。地面部队最后拿下了勃兰登堡①。

　　这次任务体现了前几年战斗中总结出的近距离空中支援方法，也是堪称近距离空中支援的典型范例。我们轰炸扫射的落点离自己的部队非常近，估计他们也在爆炸的震动中上下颠簸，飞机咆哮着扫射地面的时候，弹壳和弹片纷纷落在他们身上。我当时也是其中的一员，大伙一起努力攻下这个防守严密的镇子，真让人感到自豪。

　　前面说到，第 391 中队按照阿道夫·埃布尔的指示继续实行近距离支援，阿道夫这时候则催促坦克连连长"让伙计们赶快跟上"。伯格斯坦东北角遭受轰炸的房屋正对着勃兰登堡。他们那边的阵地视野开阔，对着进攻中的美军猛烈开火，但是没打多长时间，第 391 中队就把阵地摧毁了。烟幕弹升起，表明需要扫射德国的后卫部队。第 391 中队离开的时候，看见美国的坦克和步兵已经进入勃兰登堡镇中心。这个中队回到机场的时候，弹药也全部打光了。

　　地面部队预计德国人会从伯格斯坦发动反击，夺回勃兰登堡，第 389

---

① 麦克唐纳，《齐格菲防线之战》54~453 页。

中队的 11 架飞机轰炸了伯格斯坦，防止德国人集结部队。他们还轰炸了尼德根镇的城堡，这个城堡建在鲁尔河上，连接伯格斯坦，德国人可能把观察哨所或者指挥部什么的设在这里。阿道夫·埃布尔认为勃兰登堡的敌人已经肃清，但是担心敌人会从伯格斯坦打过来。他指出，德国人放弃阵地之前总要反攻几次，所以要求飞机一直在勃兰登堡上空掩护，德国人的反攻肯定会来。

那天最后一次任务交给了第 390 中队的 12 架飞机，让 389 中队减轻了负担。阿道夫·埃布尔要求中队继续骚扰德军，防止他们集结，所以中队又去轰炸扫射了伯格斯坦。他们还向尼德根那个像是城堡的建筑物投了 4 颗炸弹，德国的指挥部就设在这里。返航的时间大约是 12：30，在恶劣的天气下花了 10 分钟才全部落地。飞机着陆的时候十分费力，场面一团混乱，好在大伙全都安全着陆。我记得有两架飞机着陆滑跑的时候居然面朝着对方，最后在跑道中间停了下来，好歹没有撞上。当时我们都吓得张大了嘴目瞪口呆，两架飞机擦肩而过的时候都高兴得互相拍拍打打。虽然战场上的天气不错，但是离我们机场还有 40 英里远，这边都是低云，能见度还不到半英里。

这个西伯利亚高压区让战场和德国的机场上空一片晴朗，而我们这一边还是云山雾罩，德国空军得以扫射许特根森林里的美军部队，刚刚占领勃兰登堡的部队也遭了殃。美国的地面部队以前还没有遇上这种事，防空部队报以密集的对空射击，声称击落了 19 架德国战斗机。伯格斯坦没有对勃兰登堡发起反击，大概是我们早晨那一轮轰炸和扫射搅得德国人心烦意乱，美军有时间巩固新占领的阵地。

读者可能还想知道第 9 战术空军司令部下辖的另外 6 个战斗机大队那一天都干了些什么。12 月 3 日各个机场还是被浓雾和低云所覆盖，第 9 战术空军司令部就在这种极端恶劣的天气下执行任务。装备 P-47 的第 368 战斗机大队支援第 1 步兵师，在格里附近的许特根森林里发动猛烈进攻。他们驻扎在比利时谢弗勒兹的 A-84 机场，机场被大雾封闭之前出动了三个中队。

装备 P-47 的第 365 战斗机大队支援第 104 步兵师，攻击线路在许特根森林的北部边缘。两个中队轰炸了迪耶伦北面一处像是工厂的地方，德国坦克就躲在那里。另一次出击炸毁了迪耶伦至科隆铁路上的铁路桥，扫射了几列火车。第 365 大队使用 A-84 机场。

第 9 战术空军司令部的第 370 大队、第 474 大队和第 367 大队使用 P-38 战斗机，前两个大队驻扎在比利时弗洛雷讷的 A-78 机场，第 367 大队驻扎在法国克拉斯特的 A-71 机场。他们领受了一项不同寻常的任务，在第 8 航空队战斗机司令部的指挥下为轰炸德国的轰炸机群护航，那天没有参加近距离空中支援。第 9 战术空军司令部没有收到任务执行报告，但是有记录表明，第 370 大队曾派出警备小队察看许特根森林战场上的不明雷达信号。由于云层太厚，什么也没发现。

作战任务报告没有提及第 10 照相侦察大队的活动。这个大队也隶属于第 9 战术空军司令部，驻扎在法国孔福朗的 A-94 机场，就在梅斯附近。

这几次任务，加上以前提到的第 366 大队的任务，就是 12 月 3 日第 9 战术空军司令部在恶劣天气下的全部作战行动。除第 366 大队以外，一共摧毁了 4 辆机车、5 辆铁路货车，破坏了 4 段铁路，还有一座隐藏坦克的厂房。对于第 9 战术空军司令部来说，这真是漫长的一天。

有一段不长的时间，一架 F-5（P-38）照相侦察机也使用我们的机场。这架飞机跟我们一起出动了几次，我们轰炸扫射的时候他们拍摄电影。有一次执行任务的时候，这架飞机跟我们一起轰炸目标，在高射炮前面飞过，我们完成任务以后又从低空掠过目标。驾驶员可能拍了不少典型作战任务的精彩电影。可惜的是，由于光线太暗，色彩单调，大部分照片都作废了。在这段时间里，我们还把彩色摄影机安装在瞄准具上，效果同样很差。我后来发现，他们这样做是为了给海军拍摄的一部电影做试验，这部电影名叫《女斗士》，反映航空母舰舰载机的作战行动。电影拍得很好，但那是在南太平洋明媚的阳光下拍摄的。

我们由于天气恶劣在地面上待了一天，12 月 5 日清晨天气好了一点，我们执行了 7 次任务，协助地面部队进攻伯格斯坦。由于天气原因，只有 4 次任务分配给司坦桑和阿道夫·埃布尔，其他任务都是武装侦察，摧毁了几件德国的武器装备。在伯格斯坦的 4 次任务里，每次都报告说地面部队正在向前推进，一直要求轰炸扫射伯格斯坦的东南角，还有尼德根镇和城堡山。

这一天第 391 中队的 12 架飞机执行的任务堪称典型。他们到达战场之后，司坦桑让他们攻击伯格斯坦镇里的目标，但是德国人把炮兵观察员设在城堡山和尼德根那个像是城堡的地方，德国的大炮对准美军开火，部队进展缓慢。飞了一圈以后，飞行员被第 8 步兵师的司坦桑和第 5 装甲师阿道夫·埃布尔发出的命令弄晕了。两位管制员的轰炸指示互相矛盾，中队不知道该去轰炸哪个目标。第 391 中队误解了命令，稀里糊涂地把几乎全部炸弹都扔到自己人头上。这种严重的误会有可能导致悲惨的后果，查尔斯·麦克唐纳（Charles MacDonald）的《齐格菲防线之战》就有精彩的描写①。最后有人告诉第 391 中队，应该去轰炸尼德根，还有德国人设在城堡上的观察员。俯冲轰炸的时候他们迎头碰上高射炮火，美国陆军的炮兵随后打哑了高射炮。他们发现城堡山附近好像发生了坦克战。阿道夫·埃布尔通报说，大概已经占领了伯格斯坦。

许特根森林的战线几乎静止不动，地面部队有时候用大炮轰击高射炮阵地，怀疑是高射炮阵地的地方也没有漏过。当然炮兵还有别的任务，不能老是把高射炮当作目标，但我们还是非常感激。炮击不会消灭所有的高射炮，至少明显压制了高射炮的火力。炮兵对我们已经尽心尽力了。

在伯格斯坦的另一次任务中，第 389 中队的 11 架飞机前去侦察伯格斯坦南面和东南的道路，看看是不是有供应车，有没有别的动向。德国人现在只剩下这一条路，说不定会向伯格斯坦派遣运输队。侦察任务什么也没有发现，可能车队都躲在松树林里，司坦桑让他们去轰炸尼德根的教堂尖塔，那里说不定设了观察哨所。飞行员报告说，伯格斯坦镇里有美国步兵和坦克。

读者可能会问，德国人势单力薄，怎么能挡得住四面八方攻过来的美军呢？战场覆盖着森林，地形又极其险峻，平时都很难通行，何况还有伪装得好好的敌人埋伏在那里。从空中往下看，一切都隐藏在树林下面，连道路也是这样。希特勒向德国人下了严令，一定要守住阵地，不让美国人前进到鲁尔河。鲁尔河掩护着德军战线的右翼，德军的冬季进攻几天内就要开始。伯格斯坦的战斗真像是斯巴达人的温泉关之战。

① 麦克唐纳，《齐格菲防线之战》59～457 页。被包围的部队隶属于第 26 步兵师，都被消灭了。

12 月 6 日只有一次任务，我们还迟到了。这次是支援地面部队打退德国人向伯格斯坦发动的反击。天气仍然很坏，但是第 390 中队的 10 架飞机还是一寸不漏地轰炸扫射了伯格斯坦西边的树林。阿道夫·埃布尔认为炸弹和子弹正好落在德国人头上，伯格斯坦终于牢牢掌握在我们手里。大雾弥漫，在机场上降落的时候很是困难，但是我们都按照预先确定的方法落了地。这种方法是专门在低云、能见度低的情况下使用的，以后还会详细介绍。

12 月 8 日阴天，云层高度 2000 英尺，但是云下的能见度却有 10 英里。警备小队一大早就起飞了。这个小队由第 389 中队的两架飞机和第 391 中队的两架飞机编成，去东面察看不明雷达信号。他们沿着莱茵河巡视了一圈，除了友军的飞机在多云的天空不时出没以外，什么也没有发现。

第 390 中队未能接近主要目标，转而执行武装侦察任务。云层的空隙露出一个德国城镇，军车来来往往十分频繁。第 390 中队正要进行俯冲轰炸，斯威普·斯特克命令他们抛弃炸弹，赶快到科隆东北面跟一队敌机交战。他们把炸弹全都扔掉，但是没能发现敌人，天空积满了云朵。极度失望之下他们扫射了科隆，摧毁了 7 辆卡车和 4 个火车头，还破坏了侧线上的铁路车厢，总算出了口怨气。

由于天气原因，第 389 中队只出动了 12 架飞机，在红色烟幕的指示下轰炸了泽卡尔小镇里面一个像是工厂的建筑物。凯尔河和鲁尔河的交汇处有一个小村子，就在城堡山的旁边，周围是树高林密的森林，从空中几乎发现不了。我们的炮兵压制了高射炮阵地，他们向工厂投弹的时候连队形也没有改变。

第 390 中队的 12 架飞机接着起飞，想在恶劣的天气里碰碰运气。分配给我们的任务，是炸掉迪耶伦北边树林里的一门重炮。我们找到了那门炮，它在树林里伪装得很好，我们把炸弹全都投了下去。我之所以清楚地记得这项任务，是队里让我担任领队长机，没有揪着我最近的那次失误不放，这次俯冲轰炸的经历多么不一般。

攻击高射炮的方法。在上空担任掩护的黄色小队（1）俯冲，然后扫射，压制高射炮。红色小队（2）跟在后面扫射，然后俯冲轰炸。黄色小队爬升

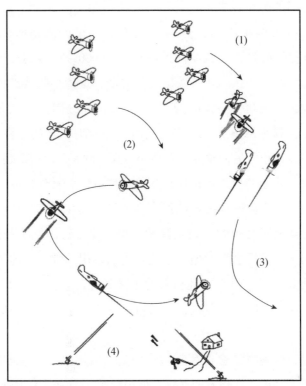

到 3000 英尺，重新组成队形，俯冲轰炸。（4）有时候高射炮炮手会躲进掩体①。

我领着全中队的人向着重炮阵地俯冲而下，几乎没有高射炮火向我们打来，真是让人喜出望外。我拉起的时候后面的人还在俯冲。我们知道，德国人不会让我们就这么轻易地跑掉，但是我领头俯冲的时候他们并没有打中我，高射炮弹都向我身后飞去。轰炸之后我们又扫射了那片树林和泽卡尔周围的地区，但是无法确定攻击的效果。

我们在许特根森林上空遇到的高射炮火十分可怕。炮弹到处纷飞，得鼓足勇气才敢向下俯冲，进入那片火焰和弹片构成的地狱。高射炮的威胁明显降低了俯冲轰炸的精度，至少我自己投得没有以前准确，也分散了我们的注意力，往往在较大的高度和速度下投弹，为的是快脱离。为了跟高射炮对抗，

---

① 原文无（3）。——译者注。

我们制定了专门的俯冲轰炸战术。

8 架飞机组成两个小队，分别叫红色小队和黄色小队。黄色小队在 11000 英尺的高度掩护，红色小队的高度为 10000 英尺，跟空/地管制员联络，确认目标。红色小队的队长发出信号之后，黄色小队从红色小队身边经过，向下俯冲，在 7000 英尺的高度上向整个目标区扫射。4 架飞机射出的曳光弹满天都是，有些德国炮手以为飞机就是冲着他们来的，会钻进掩体里。红色小队跟在黄色小队后面急降。黄色小队在 3000 英尺的高度拉起，没有俯冲轰炸。红色小队接着扫射目标区，尽量对准目标，直到最后一刻才脱离俯冲轰炸航路。黄色小队快速编成队形，进入俯冲轰炸航路，这时候红色小队则扫射俯冲轰炸期间发现的高射炮阵地。曳光弹把德国炮手赶进掩体之后，炮手很少再回到阵地操纵高射炮，这就是我们期望的效果。这种方法不能在靠近前线的地方使用，因为胡乱扫射的子弹到处乱飞，不知道会打中什么。一个中队往往有 12 到 16 架飞机，可以组成三四个小队，用类似的方法对付高射炮。

我们都以为这种方法会产生效果；但是高射炮手们一直朝着我们射击，大概它的作用更偏重于心理安慰。现在回想起来，当时的高射炮火那么密集，被击落的飞机并不是很多。在许特根森林上空执行任务的时候，每次至少有一架飞机被高射炮打中，但是这种大奶瓶（P-47 的绰号叫 Jug，大奶瓶）就经得起打击。为了凑足飞机执行作战任务，有时候我们连机身表面的破损也来不及修理，像是尾翼蒙皮上的弹洞什么的，就那样任它敞开着。地勤人员使出浑身解数保证飞机的战备率，不论天气什么样，他们都在室外勤勤恳恳地工作。

我终于混到了配给新飞机的资格，这是一架 P-47D-28，序列号 42-28608，中队呼号为 B2-J，用来接替 11 月 8 日艾尔·詹宁斯上尉被击落时损失的那架飞机。地勤组长阿尔·恰普利茨基中士曾在珍珠港偷袭的时候逃过一劫，副组长是吉姆·海泽中士，军械士是雷·约翰逊中士，还有无线电机师查尔斯·伍德（Charles Wood）中士。我马上让他们把瓦尔加斯绘制的模特女孩图片喷涂在飞机上，给飞机取名叫"弗吉尼亚"，我上高中的时候约会的女孩就叫这个名字。我用的模特女孩是《时尚先生》1941 年 2 月刊中间插页的图片，我把它裁下来留着，就是为了现在派上用场。这幅图片我保存了很多年，最后寄给美国空军博物馆的赖特-帕特森展台，被他们贴在第二次世界大战的尼森式桶形掩体里。

大队因为天气原因又在地面上闲了一天，12 月 10 日接受了一项特别任务。第 2 游骑兵营在诺曼底登陆那天曾经爬上 150 英尺高的悬崖，占领了奥克角，12 月 7 日那天清晨又用突然袭击，把德国人赶出了城堡山。克劳斯·舒尔茨阅读过这次进攻的相关文件，发现游骑兵的部分支援来自第 153 野战炮兵营，这个营用的是 18 门德国的 105 毫米榴弹炮和 12000 发炮弹，都是在战斗中缴获的。然而德国人丢掉城堡山以后并没有撤到鲁尔河对岸，而是顽强地坚守另一个高地。这个高地是座山岭，高度稍低一些，泽卡尔镇就在山岭上。驻守这里的德国部队隶属于第 272 师。他们原来已经撤退到后方整编，准备参加不久就要开始的阿登攻势，这回又重新投入伯格斯坦的战斗，阻止美军靠近鲁尔河。我们不太情愿地承认，他们确实打得不错。

山岭上的德国人只有一条补给线路，是一条迂回盘旋的二级公路，从空中几乎发现不了。这条公路沿着鲁尔从泽卡尔延伸到布里克，这是尼德根对面的一个小村子，然后公路就在一座小石桥上跨过鲁尔河。第 9 战术空军司令部给大队分配的目标，就是去炸毁这座不长但是防守极其严密的石头小桥。

这项任务可不那么轻松。鲁尔河两边的堤岸又高又陡，所以要用大角度俯冲轰炸才能让炸弹避开堤岸落在桥上。大角度俯冲得从高空投下炸弹，要不然没有足够的高度让飞机从俯冲中改出，但是高空投弹会降低轰炸精度。这一段鲁尔河蜿蜒曲折，无法顺着河道从中高度投弹。降低俯冲速度也不是个好办法，因为两岸都是密集炽烈的高射炮火。

第 391 中队第一个出动，试试运气。11：10 时他们派出去 12 架飞机。一颗炸弹落在桥的东面，另一颗落在西面，都是近失弹，但是没有炸弹落在桥上。

第 389 中队随后出动了 12 架飞机。炮兵为他们压制高射炮，只有山岭东面的道路中了一弹。

第 390 中队的 12 架飞机紧随其后。我的新飞机 B2-J 第一次执行任务。小队一个接一个地俯冲轰炸，炸弹像雨点一般向小桥落下。我是第一个俯冲的人，可以观察其他人的轰炸效果，发现大多数炸弹都落在堤岸上。炸弹把大股的烟尘抛向空中，由于云层已经散开，我们可以看见石桥的中间炸了一个洞，也可能是飞上桥面的一块大石头；从高空看不详细。一位小队长自愿下去察看一番。他告诉小队里的其他人，他观察桥面的时候让他们摆出压制高射炮的样子。小队长回来报告说，桥中间有一个4英尺的洞，西端可能还有一个。瞄准小桥的炸弹都落在桥边的公路上，一共有72颗。不论是马车还是别的什么车辆，在一段时间里全都无法通行。

我的伙伴乔克·本内特差点上了这次任务的损失名单。返航编队的时候，他飞在我的上方，穿过座舱盖上的大洞朝我挥手，用手势告诉我，座舱盖另一边也有个洞，两个洞之间的连线刚好穿过他的脑袋。他俯冲的时候中了高射炮弹。飞行员在俯冲的过程中身体总是自然地向前倾斜，好集中注意力观察瞄准镜。乔克弓起脊背的那一瞬间高射炮弹刚好穿过座舱盖，从他脖子后面飞过去。他说当时的感觉像是被人打了一拳，留下一个两寸宽四寸长的伤口。乔克得到了紫心勋章，好像伤口太小跟勋章不太搭配，乔克后来又负了一次伤，这回总算扯平了。

第391中队的12架飞机又返回来继续轰炸石桥，这时候斯威普·斯特克让他们帮助第83步兵师打退格里方面攻来的敌人。他们按照烟雾的指示轰炸扫射树林，树林边上的一栋房子炸成一个巨大的橘红色火球。隐藏在树林里的两辆大卡车也被击毁。

12月11日的作战命令也很不平常。第366大队奉命去轰炸离前线几英里的4个镇子，斯特肯博恩、斯特劳克、孔岑和罗尔斯布罗希，都在许特根森林以南，孔岑在锡默拉特西南，另外三个镇子坐落在锡默拉特东北。作战命令说这几个镇子里面有很多德军。要求各个中队的16架飞机全部出动执行任务，除了轰炸还要尽力扫射地面。G-2（情报科）一个劲地让我们轰炸扫射前线上各个镇子里的德军，而指挥部竟然完全没有料到德国人会发动阿登攻势，真是件怪事。

12月11日这一天天气仍然不好。第一个出动的389中队只派出12架飞机，直到10：00时才能起飞，攻击目标是斯特肯博恩。由于厚厚的阴云遮盖了目标，他们只能在雷达的指引下投弹，但是雷达在半路上出了故障。最后他们发现云层有个空洞，下面的镇子是沃尔赛芬，也在目标名单上。于是大伙俯冲下去投弹，惊恐地发现他们轰炸的是拉默斯多夫，这个镇子已经在我们手里。拉默斯多夫在沃尔赛芬西北 9 英里左右的地方。作战行动报告说有26 人受伤，其中有几个人死去。

第 390 中队的目标是孔岑，也被云层覆盖。他们在云层之间找到一个空隙，满心以为地面上的目标就是罗尔斯布罗希。中队一半的飞机在缝隙闭合之前投了炸弹，另一半飞机带着炸弹返航。第 391 中队的 12 架飞机起飞的时候天气又转好了，他们轰炸了规定的目标罗尔斯布罗希镇，轰炸结果显示有几栋楼房被炸塌，别的什么也看不出来。

由于天气原因，第 389 中队的 12 架飞机没能发现主要目标斯特肯博恩镇，他们就在雷达的引导下轰炸了泽尔皮赫镇。飞行员惊奇地发现，炸弹落下的时候云层也散开了，可以看见炸弹击中了目标，落在泽尔皮赫镇东侧，效果很好。这回我们不用怀疑雷达引导投弹的效果了。

第 390 中队也因为天气原因干扰了任务。他们起飞了 11 架飞机去轰炸孔岑，但是孔岑完全被云层遮盖。于是他们转而执行武装侦察任务。这时候云层开了一条缝，他们看见一列火车正在轨道上疾驰，后面拖着 25 节平板车，每节平板车上都有两辆坦克。中队对整列火车进行轰炸扫射，然后得意扬扬地启驾返航。攻击结果很难确定，但他们肯定至少击毁了 4 辆坦克，有的人甚至说可能有 30 辆。

第 391 中队的 12 架飞机也遇上了恶劣的天气，无法攻击主要目标罗尔斯布罗希，只好去攻击第二目标泽尔皮赫镇。第 389 中队的 12 架飞机也是同样的遭遇，转而轰炸奥伊斯基兴的调车场。

12 月 12 日跟前一天一样。同样的任务、同样的天气，轰炸结果也一样不清不楚。

12 月 13 日由于天气恶劣不能出动，12 月 14 日我们又回来支援地面部队。作战命令规定我们支援第 2 步兵师和第 99 步兵师，这两个步兵师都隶属于杰罗将军指挥的第 5 军，第一次发动协同攻击，打算接近鲁尔河上的水坝。第 2 步兵师和第 99 步兵师攻进蒙绍森林，这块地方是许特根森林向南延伸的部位。第 2 步兵师的空/地管制员名叫"希望"，第 99 步兵师的空/地管制员是"平板墙"，两个人都在埃尔森博恩。还是同样天气下的老任务，只是换了个地方。

第389中队派出12架飞机，但是天气太坏，无法按照空地管制员的指示支援步兵。马尔米特叫他们轰炸"绿色"铁路网的铁路桥。他们发现了巴德诺伊纳尔-阿尔魏勒地区的几座桥，马尔米特让他们轰炸其中的一座。结果他们选中了一座三孔双轨铁路桥，把它的西端炸塌了。

第391中队也遇上了坏天气，在马尔米特的指示下飞到奥伊斯基兴东南的梅谢尼希镇，有人说那里正在卸下军事装备。他们看见了火车，停在那里，机车还烧着蒸汽，15辆平板车已经卸空。他们返航的时候火车和铁轨全都被炸得一塌糊涂。

第390中队的12架飞机同样是老调重弹。马尔米特已经预料到他们无法在这种天气下支援步兵，就命令他们轰炸迪耶伦附近的一个重炮阵地。我们轰炸了这个阵地，是不是摧毁还不敢说。轰炸的地点据说是大炮所在的位置，但是没有观察到明显的效果。机场上空的天气越来越坏，所以大伙赶快返航。

12月15日的天气仍然对执行任务不利。第391中队的12架飞机来回转了几圈，最后还是借助雷达投弹，轰炸的是哪个目标都没弄清楚。

阅读第390中队作战行动报告的时候，我觉得内容很熟悉，对照我的日记看了一下，我才知道那天我也执行了任务，日记的内容和报告差不多，"鲁尔河谷里一次糟糕的任务"。当时我们无法执行前线空地管制员的指示，所以马尔米特就让我们这12架飞机去轰炸鲁尔河谷里的重工业区。前面说过，鲁尔河谷对飞行员来说是个难啃的目标。这是由大大小小的城市合并成的巨型都市，整个河谷制造的都是武器弹药，德国重工业的老家就在这里，军事上极端重要。虽然一直遭到猛烈的轰炸，工厂仍然忙碌不停，工人们就在没有屋顶的厂房里工作，德国的武器装备大多来自这里。周围的防空武器之多，以至于人们给这里起了个绰号，叫作"高射炮谷"。而我们现在要从高射炮谷的中间飞过去。由于战斗机敏捷灵活，重型高射炮通常不去射击战斗机，但是我们在12000英尺的云层上方飞过的时候，遇上了雷达指挥的大口径高射炮。我惊恐地发现高射炮弹就在我们所在的高度上爆炸，直接对准航向前方，弄得我们每隔10秒就得改变方向。德国人向我们射击了3分钟，然后就放我们过去了。由于燃料不多，又看不见目标，我们最后穿云而下，俯冲轰炸了波鸿镇里几个还在工作的工厂，这个镇就在高射炮严密保护的埃森市边上。

我 8 月 10 日第一次执行任务的时候遭到雷达指挥的大口径高射炮的射击，当时的情景称得上是"恐怖"，只想赶快避开。第二次是 10 月 11 日，那时候我已经执行了 20 次任务。大口径高射炮击落了我们当中的一架飞机，那一次真把我"惊呆"。这回，我完成了 40 次任务，又碰上了这种高射炮，我只是觉得"害怕"。大概随着战斗任务的增多，我也变得坚强起来。

第 389 中队的 11 架飞机也完成了一次糟糕的任务。一架飞机起飞的时候起落架故障，飞机严重受损，好在飞行员没有受伤。他们在云层上方依靠雷达瞄准，对着不知名的镇子轰炸了一气。这是最后一次任务。欧洲北部的天气随后变得又潮又冷，阴郁的冬天已经到来。

许特根森林之战就这么结束了。第二天早晨德国人发起了阿登攻势，我们的作战地域也稍微向南移动，支援地面部队抵挡汹涌而来的德军部队。1 月下旬我们又回到许特根森林，地面部队终于进抵鲁尔河畔，但是这时候的德国陆军和高射炮都不像以前那么可怕了。高射炮仍然致命，然而稀疏了许多。我们在这里进行过 6 个星期的艰苦战斗，一刻不停地跟德国人和欧洲的天气做殊死的搏斗，谁也忘不了这座可恨的许特根森林，还有死伤在这里的伙伴们。

第 7 章　突出部战役：德军进攻

德国军队于 12 月 16 日发起的阿登攻势，是美军在欧洲大陆上进行过的最艰苦、最激烈的一次战役。大雪、浓雾和极度的寒冷把我们困在地面，然而美国陆军最终还是赢得了胜利。

12 月 16 日跟平常的日子没有什么两样。空中布满了乌云，我们的作战行动列举的那些任务，还是上个月的老内容。情报军官通报说，今天早晨我们作战地域南部的陆军部队突然遭到德国人的猛烈进攻，德国人还出动了坦克，但是他只知道这些。天气预报员说我们可以起飞，但是起飞以后也干不了什么。看来今天又得躲在帐篷里猫冬，设法改善改善生活条件。

德国人进攻开始的时候，严冬也向我们猛扑过来。天上下着大雪，外面冷得要命。他们在帐篷里安装了铁炉子，但是得不停地加煤，要不然炉火就会熄灭，显然白天干不了这个。我们总是天未黑就早早生起炉子，让它整夜烧个不停。早晨我们出去执行任务以后，炉子就结了冰，水壶也冻成冰坨。作战室的帐篷整天都烧着炉子，真是个摆脱寒冷的好地方。

大队在我们的驻地修建了两座预制板房，一座用作大队长和作战处的办公室，另一个充当情报室和休息室。我们帮着把房子搭好，又想在休息室里安装壁炉，正好手头上有合适的建筑材料。好像是沃利·伦迪（Wally Lundie）自告奋勇去修壁炉，我记不太清楚了。我们几个和泥的和泥，搬砖的搬砖，最后壁炉建好了，大伙在这里开了个盛大晚会。我们兴高采烈地点上火，一会儿工夫就被浓烟赶到屋子外面；烟囱不通风，屋里全是烟雾。壁炉的事就这么完结了。新年前夕德国飞机过来轰炸扫射，一伙人躲在废弃的壁炉里，把它当成了掩体。

突出部战役开始的时候我已经完成了 40 次作战任务。执行了这么多次任务安然无恙，我想大概有运气活到战争结束。当然这只是欺骗自己，我见过队友中弹坠落，但是我仍然满怀希望——梦想有一天会成为趾高气扬的"老牌"飞行员。没有当过飞行员的人大概很难理解这种心情，我来小小地说明一下。按照《韦伯辞典》的定义，"趾高气扬"是那种傲慢自大、得意扬扬的表情。趾高气扬的飞行员当然也有这种表情，但是得加上对自己和飞机充满信心，对飞机的性能了如指掌，飞行的时候能够完美地达到"人机合一"。老牌飞行员的飞行动作比一般的飞行员好得多，就像音乐剧《飞燕金枪》里那首歌唱的一样："不论我做什么，干得都比你强。"然而就目前的情况来看，不论老牌飞行员多么趾高气扬，他也没有本事避开敌机和高射炮，但是他知道限度，能够做得游刃有余。换句话说，趾高气扬的老牌战斗机飞行员擅长格斗，也知道自己该做什么。

12 月 16 日德国人进攻的第一天，天气照例跟我们作对。以后的几天里，我们支援第 2 步兵师和第 99 步兵师向鲁尔河进攻，目标是鲁尔河南面的几个水坝，但在恶劣的天气下无功而返。这一天天气不好，只有第 391 中队的 12 架飞机借助雷达指引投放了炸弹。两个小队收到"发现敌机"的报告，于是升空拦截，但是都没有发现目标。

他们在计划中让我休息一两天，我正好利用这个机会去拜访奥尔德海姆的亲戚。到了奥尔德海姆，我在收音机里听见德国进攻比利时阿登地区的消息，立即返回机场，12 月 17 日傍晚的时候到达，正赶上德国的空袭。唉，这就叫失之交臂。我还没见过德国飞机呢，而那一天德国飞机飞过来好几次。中队中的很多人都在混战中击落过敌人，这回已经按捺不住了。

12 月 17 日我错过的任务还是支援第 99 步兵师。这个师遭到党卫军第 1 装甲军的猛攻，这时候已经转入防御，党卫军第 1 装甲军隶属于第 6 装甲集团军，下辖党卫军第 1 装甲师、党卫军第 12 装甲师和三个步兵师，他们是德军突破口的北翼。德国人凭借兵力优势逼得第 2 师和第 99 师后退，但是这两个师拼命战斗，守住埃尔森博恩岭的阵地。我们大队的任务是帮助地面部队阻拦德国人的进攻。

我们中队飞到比利时比林根和克林克雷上空，这里是第 99 师的作战地域，正遭到一大群 Me 109 和 FW 190 的攻击。12 月 17 日这一天中队总共执行了 14 次任务，有 6 次遭到德国人的拦截。德国人有时候干扰中队的俯冲轰炸，迫使他们提前丢弃炸弹，有时候德国人干脆进入空战。那天大队宣布，击落了 17 架德国飞机，击伤 14 架，还有一架可能击落。我们损失了三架飞机和两名飞行员。第 389 中队的罗伯特·F. 伯恩（Robert F. Boehn）中尉的飞机严重受创，在比利时勒库洛的 A-89 机场紧急迫降时坠机，几天以后死去。约翰·克劳福德（John Craw）中尉受了重伤，挣扎着返回机场，住进了医院。另一架飞机被打得全身是洞，飞行员接受命令返航。还有几架飞机也破损严重，其中一架在我们的机场机腹着陆。

奉命返航的那位飞行员是我的老伙伴斯坦·索贝克（Stan Sobek）。一架 Me 109 在空战中打碎了他的尾翼舵面，他得狠踩右舵，把操纵杆向右推到底才能保持飞机平飞。飞到机场西北角的时候他解开肩带和座椅安全带，准备跳伞。刚一松开操纵杆，飞机就开始快速滚转，把他甩出座舱。他在机场一两英里外落地，守卫 Y-32 机场的英国高射炮营把他救了回来。飞机在 Y-29 机场和 Y-32 机场之间的地方撞地，变成一堆碎片，那个地方离我们机场西北几英里，是我们丢弃炸弹的安全场所。他第二天归队，还从坠机现场带回了飞机铭牌留作纪念。斯坦告诉我说，飞机的序列号是 43-25514。记录战斗任务的时候，他们让他在上面签字，说是他损失了 8 挺机枪，一时间他有点担心，生怕这些人给他安上什么罪名。

12 月 18 日的作战命令规定我们支援圣维特地区的第 106 步兵师，这个师受到猛攻，眼看就要被包围。预计天气还是很坏，多个云层一直堆叠到10000 英尺高处，透过冬天的雪和雾气，能见度为零到 5 英里。一整天，每次任务只能派出 4 架飞机。我的任务是清晨警戒。昨天敌机非常活跃，今天弄不好还会再来。

果不其然。12 月 18 日的第一次任务——由 3 个中队各派出 4 架飞机——结果在科隆附近遇上一大群敌机，差不多有 90 架 Me 109 和 FW 190 上来围攻他们。幸亏盟军的几个中队赶了过来，结果反败为胜。在 10 分钟的空战里，第 366 大队击落了 12 架德国飞机，自己损失两架，另一架重伤。乔治·迪蒙（George Demmon）中尉和马特·斯莱文（Matt Slaven）中尉安全跳伞，被德军俘虏。

下一次任务由第 390 中队的 4 架 P-47 执行，他们也遇上了空战。德国的 Me 109 和 FW 190 跟盟军的"喷火"、P-38 和几架 P-47 打成一团。他们击落了两架 Me 109，自己也损失了一架飞机。

损失的那架 P-47 还有一个有意思的插曲。两个月以前，这架飞机的飞行员鲍勃·戈夫（Bob Goff）在 A-70 机场的露天厕所里摔了一跤，撞掉了几颗牙。正在他全力以赴地跟敌人格斗的时候，发现歧管的压力突然猛增，还没等他反应过来，发动机已经爆缸熄火。他猜测可能是某个排气门卡死，而排气门负责调节涡轮增压器的转速。那天晚上他回到机场以后给我们讲了下面这个故事。

发动机停车以后，戈夫俯冲脱离战场，尽量向西滑行，打算机腹着陆。但是阿登地区地面实在崎岖，找不着一块足够大的空地，他也不敢跳伞，因为不知道是不是还在敌军上空。他最后无可奈何地选定了一个小村边上的道路，打算在这里迫降。可惜的是这时候高度已经不够，无法滑翔到路上，这样第二个关于房屋的故事又开始了。发动机像攻城锤一样在欧洲那种典型的厚砖墙上撞出一个大洞，从支架上脱落下来，掉进地下室里，差点砸着屋里的一位妇女。尘埃落定之后，戈夫发现自己和飞机在墙头晃悠，半个机身已经插进房子里。他移动身子想从座舱里出来，结果机身开始大幅度摇摆，他生怕飞机从墙上掉下来，自己栽进一堆破烂里面，到处洒满了飞机的汽油。几个美国卫生兵开着吉普车来到现场，先固定好机身，然后把他解救出来。他在座舱里被安全带绑得结结实实，除了肩带部位严重擦伤以外，什么事也没有。结实的 P-47 又一次保住了飞行员的命。在这个比利时小村庄里幸会之后，鲍勃每逢圣诞节就跟那两位卫生兵互寄贺卡。

就我所知，这是普拉特-惠特尼 R-2800 发动机在战斗紧急功率下排气门调节器发生故障的唯一一个例子。P-47 的后背座椅也有很好的保护作用，这个座椅安装在辅助油箱的位置上。我们中队的军医为了亲身体验，有一次蹲在座椅上跟着飞行员一起出击。好在飞行员发现了他，收回油门返航。后来军医是不是又跟着别人一起飞行，我有点记不清了。

我们眼看着其他几架飞机出去执行任务，自己则坐在座舱里等待出击信号，等得真有点不耐烦了。中午时分终于来了命令，要我们起飞。起飞的共有 12 架飞机，每个中队 4 架。我们先飞到亚琛东面，再飞到莱茵河，再转向科隆，一路上没有发现敌机，只好垂头丧气地返回机场，午饭早就凉了。

我们大队那天执行了 15 次任务，其中 5 次跟敌人的战斗机接触。警备小队于下午 14：30 时接到信号起飞，几分钟以后就发现了一大群敌机，正在跟喷火式战斗机格斗。他们击落了一架 Me 109，可能还击落了另一架。我到现在仍然没见过敌机，运气真是太差。

支援第 106 步兵师的任务没有受到敌机的干扰，但是坏天气又来作祟。低垂的云层距离地面只有 500 英尺，根本无法发现目标。有些飞机甚至带着炸弹返航。在地面部队最需要支援的时候，我们却由于天气原因而一筹莫展。现在不但天气糟糕，白天也很短，从日出到日落还不到 8 个小时。好在北方高纬度地区的黄昏很长，我们可以多飞一个小时左右。地面部队开始把这种天气叫作"希特勒气候"。

12 月 19 日我们在极坏的天气下执行了三次任务。第 391 中队的 12 架飞机少许轰炸扫射了几次，击毁几台车辆，但是损失了吉姆·科尔布雷思（Jim Colbroth）中尉，他俯冲轰炸的时候被高射炮打中，坠落在山坡上。虽然不是每架飞机都挂载了炸弹，但是他们返航的时候带回来的炸弹居然有 12 颗之多。第 389 中队借助雷达投放了炸弹，但是返航的时候云层露出一道缝隙，他们看见一支敌军，坦克、卡车和各种车辆有 150 多台，于是冲下去发射火箭，用机枪扫射，心里无比懊恼，刚才怎么会把炸弹扔在不明不白的目标上。第 390 中队的 12 架飞机被派到战场东南 20 英里的地方，用炸弹、火箭和机枪攻击了默梅根镇，击毁一辆半履带车，镇子里还发生了猛烈的二次爆炸。

在接下来的 4 天里，浓雾和大雪把我们困在地面，只有第 389 中队在 12 月 22 日出动了两架飞机，去侦察天气。他们报告说，战场上两个气象点的云高分别为 700 英尺和 100~200 英尺，能见度 3 英里和 1.5 英里。云层顶部的高度在 8000 到 9000 英尺之间。我们能做的，只是在作战室的地图上观察地面战斗，企望好天气到来以便粉碎德国人进攻。

德军的进攻把前线向后推入比利时境内，形成一个明显的突出部。我们在形势图上通常用红线标明战线的位置，我们注意到突破口已经没有实心的红线，只是有些弧线，表明美军还在那里顽强防守，抵抗进攻的德国人。情报军官乔治·威尔科克斯（George Wilcox）上尉说，这就是他掌握的全部情况，谁也不知道德国的装甲部队在哪儿。大概就是这个时候，美国陆军开始把战场称作"突出部"。这个名字传了出去，后来人们就一直用"突出部战役"称呼德国的这次攻势。

我们听见一些谣言和猜测，说德国人的攻势是朝着安特卫普去的，已经在北面合围，我们的机场也在包围圈里，早晚要被德国人消灭。当时我们都没怎么在意，反正天气一好，我们就可以出击，把他们的部队打个七零八落。一个星期以后，我们看见国内报纸上关于德国人最后一次进攻的报道，觉得又可气又好笑。可笑的是他们用大字标题说什么"美国在阿登遭到灭顶之灾"，还有他们描述德国攻势的夸张手法。另一方面，在地图上用粗大的箭头表示德国人的进攻方向，而表示美国陆军行动的只是些很小的箭头，好像陆军的反击软弱无力，真是让我们泄气。新闻报道到也没提北翼的部队，正是他们守住狭窄的突破口不让它扩大，让希特勒的攻势慢慢停顿下来。我们都知道新闻报道有失真的一面，但是没想到他们居然荒唐到这种地步。

德国的突破口没能扩大，主要功劳应当属于第 2 步兵师和第 99 步兵师，他们以非凡的勇气坚守埃尔森博恩岭，挡住了党卫军第 12 装甲师，党卫军第 1 装甲师被迫沿着别的道路和铁路进攻，结果攻击行动弄得一团糟，阿登攻势的两支先锋部队都受到挫折。第 6 装甲集团军的这两个装甲师应当突破美军防线，奔向安特卫普，该第 6 装甲集团军的 5 个步兵师在后面巩固突破口。指挥这个强大集团军的是希特勒的老朋友约瑟夫·塞普·迪特里希（Josef "Sepp" Dietrich）将军，后来进攻失败，让他大失颜面①。

德国的进攻对我们影响不大。机场周围的警卫加强了，但是时间不长，那几天甚至还得戴上钢盔，腰里挂着手枪。应急方案规定，如果德国的装甲部队靠近，当然这种机会很少，我们就要起飞，飞向英格兰，在那里找块空地降落，找不着就跳伞。这只是预防性的措施，我们谁也没有当真。

12 月 23 日战场南部的天空转晴，第 9 航空队掌握了天空，用空袭唤醒了德国人，地面上留下一长列摧毁的德国部队。猛烈的空袭搅乱了德国的指挥体系，战场上的部队都吵吵着请求德国空军支援，打退毁灭性的空中攻击。

① 休·M. 科尔，阿登：《突出部战役，第二次世界大战中的美国陆军》（华盛顿特区：政府印务局，1993 年），第 5、第 6 章。

很多战斗机大队都去攻击德国人的先锋部队，另外有些大队则执行巡逻任务，阻止德国飞机起飞，不让他们支援自己的部队。第 9 航空队的战斗机在空中搜索德国飞机，击落 91 架，损失 19 架。第 9 航空队的中型轰炸机破坏了德国的通信中心，但在德国飞机和高射炮的联合防御中损失了 35 架。第 8 航空队也加入空战，击落 75 架德国战斗机，自己损失 7 架①。这一天正像巴顿将军说的，是"消灭德国人的大好日子"。可惜的是，还有少数几个大队由于机场大雾而未能起飞，我们就是其中之一。第二天天气才变好。

在 12 月 24 日清晨的一片寒气中，大队于 9：05 时派出第一个战斗机中队，扫荡天空，阻止德国飞机进入战场。他们搜索了几个德国机场，上面没有飞机，但是雪地上的车辙表明机场还在使用。这个中队没有遇上德国人，当然也没有击落德国飞机，但在沿着铁路线飞行的时候摧毁了几个火车头，扫射铁路车厢。机场还起飞了另外两拨战斗机，执行扫荡任务。一个中队无功而返，另一个中队遇上了 75 架敌机，投入战斗并且打掉了一架 Me 109；但是第 391 中队的 J. K. 琼斯（J. K. Jones）中尉脱离了小队，被击落阵亡。

作战命令规定我们听从马尔米特的指示，武装侦察战场，随时支援地面部队。10：00 时第 390 中队派出 8 架飞机，只有 7 架升空。另一架飞机在冰雪覆盖的跑道上失去控制，撞坏了机翼和起落架。我们到达战场以后，马尔米特让我们沿着马尔梅德地区德国突破口的北端侦察。我们发现林根维尔镇周围的树林里停着几辆德国的车辆，于是飞过去俯冲轰炸。我从俯冲轰炸航路中拉起的时候，瞥见一辆指挥车驶下公路，停在几栋房子边上的树林里。我报告了情况，认为我们发现了敌人的指挥部。其他几个人也是这么想的，说有辆卡车上面竖着天线，旁边还有一辆坦克。后来看记录才知道，这可能是党卫队一级突击队大队长（中校）奥托·斯科尔兹内（Otto Skorzeny）的第 115 装甲旅的指挥部，该旅隶属于第 1 装甲师，正在执行所谓的"格里芬行动"，由身穿美军制服的德国士兵攻占马尔梅德，但是没有成功（实际上斯科尔兹内刚刚开始撤退。马尔梅德周围的地面部队都是从别的单位抽调的

---

① 丹尼·S. 帕克（Danny S. Parker），《掌握冬季的天空》（宾夕法尼亚州康舍霍肯：联合书店，1994 年），全面研究并准确描述了突出部战役中的空中战斗。

大杂烩，让他吃了个大亏)①。

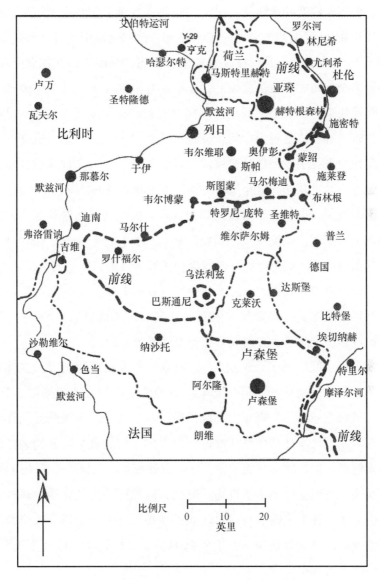

阿登地区，战线，1944 年 12 月 25 日

　　① 杰拉尔德·阿斯特（Gerald Astor），《血腥雾障：在突出部战役中战斗的人们》（纽约：唐纳德·L. 费恩（Donald L. Fine）出版社，1992 年）第 252 页，还有科尔的《阿登山区》63~360 页。

我横转过来继续扫射的时候，眼睛一直盯着指挥车。几次射击打得它浑身是洞，但车子没有起火燃烧。过了一会儿我才理会到自己处于极度危险的状态，我正在 30 度俯冲中向地面快速接近。扫射通常用不着这么陡的角度，一般都是 15 度左右，但是目标在森林里，我用大角度俯冲才能勉强看见它。我把注意力全都集中在射击目标上，心里没有别的念头，进入那种"飞行员被攻击目标吸引"的状态。我把操纵杆拉向腹部，从俯冲中拉出，过载让两眼一片黑暗，等我恢复视力以后，发现飞机已经平飞，离地只有几英尺。我提心吊胆地向上飞去，高高的松树就在我的头顶上。后来伙伴们观看当时的作战影像片，看见从松林里穿过的时候，都为我当时的情况捏了一把汗①。

我两眼发黑，但仍然使劲地拉着操纵杆。突然间飞机颤抖起来，我的脚从方向舵上掉下来，我发现"大奶瓶"还在飞行，已经穿过了松树林，只是向一边侧滑得厉害。我把操纵杆向前推，大喊了几声，摇晃脑袋想驱走黑视。我的脸转向右翼的时候视力恢复了，我突然看见机翼上有一个两英尺的大洞，液压油漏得到处都是。看来我在地面上拉起的时候被德国炮手猛打了一顿。两个方向舵踏板全坏了，方向舵索在座舱里缠成一团。

我报告说"我中弹了，返航"。我的僚机一直跟着我飞行，告诉我机翼上的大洞就在起落架后面，但是起落架好像没有中弹，大概还能正常工作。他还说，机身上还有几个窟窿，机尾已经打成了筛子。飞机的操纵杆跟方向舵索缠在一起，每次移动操纵杆都得花很大的力气。我尽可能把缠在操纵杆上的舵索解开，但是舵索打成了卷，挂得到处都是。飞机虽然一个劲地侧滑，但是还能飞，我就这样飞到了机场。但是方向舵已经失去作用，踏板上的刹车可能也坏了，我不敢说滑行的时候能不能控制方向，能不能安全着陆。我报告了情况，说可能要机腹着陆。领队的马丁少校让我尝试一下正常着陆，现在每一架飞机都很宝贵。

我一边往回飞，一边想办法控制飞机着陆。如果我把座椅降到最低，松开安全带，我就可以斜躺着，两只脚向前伸，用脚趾去踩方向舵踏板上的刹车。现在只有这一招了，踏板已经松脱，只能把它顶在座舱和发动机舱之间

---

① 扣下扳机以后，照相枪开动两到三秒，拍摄子弹的轨迹。

的防火壁上，才能使上劲。用这种方法我估计还能在严重的侧滑中着陆，保持直线滑跑。现在唯一的希望是刹车的液压系统还能正常工作。

起落架放下、安全锁定了，现在除了降落别的什么也干不了了。我越过那个障碍，打算放下襟翼，但是液压泵出了毛病，襟翼只放下了 15 度就停在那里。应该来一个完美的三点式着陆，这样尾轮也会接触跑道，帮助控制飞机。触地的瞬间我关掉了发动机，倒在座椅上，尽力向下滑，试着用刹车控制方向。P-47 的起落架间距宽，尾轮可以锁定，我终于控制住飞机，沿着跑道直线滑行，虽然落地的时候角度偏得很大。控制住飞机以后，我又抬起身来观察位置。由于座椅降低，我又斜着躺着，脑袋还没有座舱框高。飞机快要停下来的时候，我松开了尾轮，飞机滑行到跑道外面，让伙伴们着陆。

我的地勤组长和其他几个人一起跑过来帮助我。我在机场上空盘旋的时候他们就看出飞机受了伤，都到跑道边上等着，必要的时候伸一把手。他们看着我落地，努力控制飞机，飞机滑跑过去的时候还以为里面没有人。因为看不见我，谁也不知道出了什么事，心想我大概受了伤，倒在座舱里，看见我从飞机里爬出来都松了一口气。这是第 42 次任务，我的飞机第一次被高射炮打伤。

后来检查飞机的时候，地勤组长说 20 毫米炮弹几乎擦着跟方向舵和水平升降舵的钢索飞过，我吓得脸色发白。如果炮弹再靠近两英寸，就会打断升降舵索，我也不会坐在这儿写这篇故事了。这说明守护天使还在我的身边，加倍保护着我，因为那时候我真是狼狈不堪。

这次任务击毁了三辆半履带车和 15 台别的车辆，那辆坦克和带着无线电台的卡车大概也击毁了，怀疑指挥部的房屋也被炸塌。

12 月 24 日执行了 5 次任务，有 3 次是派遣警备小队察看不明雷达信号，拦截德国战斗机。另外两次是对地支援任务，由第 390 中队和第 391 中队完成。他们俯冲轰炸了圣维特地区的德军，炸毁了几辆卡车，但是阿尔·麦金利（Al McKinley）中尉被高射炮击落。看来德国人那种四管 20 毫米高射炮数量很多，这种炮是用 8 吨牵引车改装的，也叫自行高射炮，也是我们的克星。

自行高射炮不但能打飞机，还能攻击地面目标。不管什么被这四门 20 毫米炮打中，全都变成齑粉。第 82 空降师师长詹姆斯·M. 加文（James

M. Gavin) 在他的著作里几次提到这种炮的惊人火力①。他说这种炮打得不是很准,大概是半履带底盘振动得太厉害,但是它的火力猛烈,有效射程也很大,对步兵造成严重的威胁。

接下来的几天天空晴朗,我们狠狠地给了德国人几拳。12 月 25 日我们出击了 8 次,第二天又出动了 10 次,再下一天 11 次。这 3 天里我们击落了 12 架敌机,其中 7 架是第 389 中队在 12 月 27 日的空战中击落的,我们还摧毁了很多德国的坦克、卡车,还有部队。大队也损失了 4 名飞行员,3 死一伤,3 架飞机被毁,10 架损伤严重,需要维修大队修理,受轻伤的飞机没有统计数量,中队的维修人员自己就能修好。到了周末,3 个中队分别执行了 6、7 和 8 次任务。我们大队的编制是 75 架飞机,维修大队还有 25 架备用机,现在全都参加了战斗。

下面的内容摘自一份机密报告,列举了第 9 战术空军司令部下属的各个战斗轰炸机大队在 12 月 17—27 日的 10 天战斗中的出动次数。

第 366 大队利用白天的一切时间向突破口周围的地面部队提供近距离支援。从 12 月 17—27 日,大队总共出击了 600 架次。这段时间里,有 4 天因为天气原因没有出发执行任务。在第 9 战术空军司令部下属的各个大队里,这个数字是最高纪录。而且其他大队只被天气耽搁了 3 天,作战时间比第 366 大队还多一天,他们有 7 天的作战时间,第 366 大队只有 6 天。

在 12 月 17—27 日这段时间里,第 366 大队取得的战绩如下(只列举大队摧毁的军事装备):

敌机 43 架

坦克和装甲车 55 辆

机动运输车辆 328 辆

半履带车 15 辆②

---

① 詹姆斯·M. 加文《进军柏林》(纽约:班坦图出版社,1992 年),第 263、295 页。

② 亚拉巴马州麦克斯韦空军基地空军历史处,《分队历史——1994 年 12 月—31 日第 366 战斗机大队作战报告》。

德国人知道我们的机场在哪里，我猜他们这次进攻的时候一直有如芒在背的感觉。德国的轰炸机在夜间定期轰炸扫射我们的机场，我们最近这几天的攻击大概让他们十分恼火。12 月 26 日夜间德国人来到机场上空猛烈地轰炸扫射。这天夜里，从 19：18 时到 23：30 时，发动了 4 次空袭，投掷杀伤炸弹，用机关炮扫射机场。他们造成的破坏不大，打伤了几个人，只有一人重伤。有一次轰炸波及附近的镇子，打死了两名英国兵。几架 Ju 88 轰炸机发动的夜间轰炸只不过是骚扰，根本不能影响我们的作战能力。

德国空军的主动攻击严重干扰了我们的对地支援任务。他们的意图很明显，有报告说，德国飞机俯冲穿过战斗轰炸机的队形，等到战斗轰炸机丢弃炸弹以后往往扬长而去。第 9 航空队司令霍伊特·范登堡（Hoyt Vandenberg）将军和第 8 航空队詹姆斯·杜立德（James Doolittle）将军都看出这个苗头，采取了相应的措施。第 8 航空队已经停止战略轰炸任务，转向破坏阿登前线后方的德国通信系统和后勤支援网络，这个航空队的战斗机司令部还把两个战斗机大队调到大陆上来，他们的任务是用战斗机沿着莱茵河扫荡，阻止德国战斗机靠近战场，让我们安心执行任务。有人告诉我们这些战斗轰炸机飞行员，如果及时得到敌机攻击的警告，我们就要保留炸弹，投到敌人头上。只有在敌机留下来准备攻击时，我们才能投掉炸弹，跟敌机格斗。大伙都不喜欢这条命令，我们原以为自己还是战斗机飞行员呢。上个星期第 9 航空队的战斗轰炸机飞行员在空战中露了一手，敌我双方的损失是 10 比 1。没有空战经验的飞行员在瞄准射击的时候也不比别人差。第 8 航空队的战斗机现在都安装了新式的 K-14A 型计算瞄准具，这种瞄准具用陀螺仪控制，不用算来算去就能打中德国飞机。由于第 8 航空队的主要任务就是空战，这种瞄准具优先供给他们，看得我们两眼冒火。当然，我们也得到了新瞄准具，这回更要给德国人点厉害瞧了。

坏天气又持续了两天，12 月 31 日那天几乎没法飞行，但是我们还是执行了 8 次任务。战果不太丰硕，但是消灭了一些德军和军事装备，把德国兵赶出了战场。就在那一天，可能是上头觉得我的表现还不错，把我提升为中尉。

这一年的最后一个节目由 P-47 表演，显示这种飞机惊人的坚固结构。

第 389 中队的卡尔·哈尔伯格（Karl Hallberg）中尉的 500 磅炸弹没能投掉，只好带着炸弹降落。这种事并不少见，我们很多人都这样干过；只是降落的时候动作要特别轻微，免得震动弄响了炸弹。糟糕的是，我们的机场建在沼泽地里，地基很不牢固，跑道表面虽然铺了厚木板，但是用来用去表面已经凹凸不平。我们看见卡尔带着炸弹，知道他想着陆。他在很远处就开始下降，轻轻地落地，沿着跑道滑行的时候炸弹掉了下来，撞在地面然后又弹到空中翻滚，尾翼已经撞坏。即使炸弹安全落地，没有尾翼的稳定作用，炸弹再次碰上跑道的时候也会爆炸，结果真的爆炸了。变成了一堆碎片的飞机还在滑行。这堆破烂停下来以后，卡尔从里面爬了出来，用破纪录的速度飞跑着离开现场。他的头上受了点伤，到医院里住了几天，是 P-47 的装甲板和坚固的机身救了他的命①。

　　带着炸弹降落这种事经常发生。有时候是炸弹投不下去，有时候是没有发现值得轰炸的目标。第 389 中队的另外两名飞行员，汤姆·达勒姆（Tom Durham）和鲍勃·斯廷森（Bob Stinson），带着炸弹着陆的时候炸弹爆炸，但是保住了性命。我有一次降落的时候也把炸弹掉在跑道上，好在没有爆炸。

---

　　① 这架损毁的 P-47 的照片在很多书籍中用作插图，介绍空战的危险性。例如罗纳德·H. 贝利（Ronald H. Bailey）的《欧洲空战》（弗吉尼亚州亚历山大里亚：第二次世界大战时代——生活丛书，1979 年），13~112 页。

第 8 章　突出部战役：美军反击

德国在战线上打开突出部，遭到美军的坚强抵抗，打乱了德国的时间表，在默兹河边挡住了德国人的脚步。希特勒不愿意承认失败，孤注一掷地把所有的预备队都投入战场。德国空军也投入了大部队跟我们争取制空权，空战变得更加激烈。

在最后几个可以飞行的日子里，希特勒的攻势已经停顿下来，我们的精神也为之一振。大队长大概也有这个感觉，现在钢盔和手枪都不用戴了。从照相枪拍摄的影像里可以看出，前几天的空中战斗正在接近高潮。可惜满天的乌云影响了拍摄效果，很多胶片都不能用。听听地勤人员的建议，P-47 击落德国飞机返航的时候接受他们的祝贺，心里真是感到欣慰。但是我心里还是埋怨我的坏运气，到现在我也没有在空中见过德国飞机。

哈里·维尔德哈贝尔（Harry Wildhaber）组织了一个除夕晚会，我们就这样迎来了 1945 年。我跟地勤组长阿尔·恰普利茨基（Al Czaplicki）中士一起喝了几杯，想到我连德国飞机的影子也没见过，还谈什么击落敌机，心里不免有点惆怅。就在这时候德国人又来了一次猛烈的空袭。这时候正是午夜，迎接新年的竟然是满天的高射炮火。德国人丢下几串炸弹，都落在东面 1 英里以外的艾斯登镇里。我们回来接着推杯换盏，恰普利茨基中士说现在已经是新年了，说不定我能转运，会一会几架德国飞机。

我还得离题记录一件有趣的事。突出部战役第十五周年纪念日的时候，当地报纸上的一篇文章吸引了我。几天以后我接到一位安诺夫斯基（Anowski）先生的电话，战争期间他住在艾斯登镇。他提到，那时候他经常去 Y-29 机场，把航空兵的衣服拿回来让她妈妈洗干净。他还记得除夕之夜德国炸弹的巨响，第二天早晨还看见空中发生战斗，几架德国飞机被击落。这个世界真小啊！

第二天，1945 年 1 月 1 日的早晨，8 架飞行起飞执行第一项任务，我也在里面。我的 B2-J 由于液压油渗漏而无法出动，他们让我飞大队长的座机 B2-H，绰号"魔毯"，就是那种老式的削背式飞机，座舱盖不是气泡式的，真是让人恼火。这时候大队里只剩下很少的几架削背式 P-47；别的人都坐在气泡式座舱里①。天气晴朗，云量 4/10，高度 3000 英尺。9：15 时 L. B. 史密斯（L. B. Smith）上尉领着 8 架飞机升空，向西南方向飞去。跑道西南端还有第 352 战斗机大队的 12 架 P-51 待命出击，大队长是约翰·C. 迈耶（John C. Meyer）上校；我们飞走之后，他们就向东北方向起飞。第 8 航空队的两个战斗机大队临时配属给第 9 航空队，第 352 战斗机大队是其中之一，驻扎在 Y-29机场的另一端。他们执行护卫任务，不让德国飞机拦截、干扰我们俯冲轰炸和扫射。这样第 9 航空队得以解除护卫任务，把更多的 P-47 投入对地支援。他们一直在高空掩护，巡视战场的东边，打消德国空军拦截我们的念头。

起飞以后我们转向 180 度，向前线飞去的时候组成适当密集的队形。这时候我看见左边出现高射炮火，于是调转方向前去察看，发现一大群德国战斗机，飞行高度 200 英尺，正向着我们的机场飞来。有几架德国战斗机已经开始扫射 Y-32 机场。我们俯冲而下，对手是五六十架德国的 Me 109 和 FW 190 战斗机。我横转过来俯冲攻击的时候，我看了一眼机场，P-51 飞机正在排队起飞。攻击开始的时候我们都忙着扔掉炸弹，打开瞄准具，机枪上膛，把燃油切换到主油箱。

我的目标是机群前方一架孤单的 FW 190。我只一瞬间就咬住了他的机尾，然后打开机枪和瞄准具。这架飞机满推油门向地面快速俯冲。我想滑到它的正后方，然而这架飞机又突然拉起，害得我差点撞在地面上。我心里痒痒的特别想开火，没等压低机头把枪口对准这架飞机就扣动了扳机，眼看着子弹从它身边飞过。突然间我看见它的发动机冒出一缕白烟，赶紧收回油门。我想它大概是想减速。我差点飞到这架飞机的前面，有几秒钟我们紧挨在一

---

① 埃德加·S. 廷利（Edgar S. Tingley），《魔毯传奇》，美国航空史协会期刊第 29 期第 1 号（1984 年春季）：14~15 页。霍尔特的上校 B2-H "魔毯"用作战记录的插图。战争结束的时候这架飞机还在飞行，连续执行了 175 次任务，没有中断过。

起，我在后面稍高一点的位置，看见那个飞行员弯着腰握住操纵杆，飞机在他手里很是敏捷。我曾经想拔出科尔特 45 手枪朝他射击，后来知道这是不可能的，所以打消了这个念头。FW 190 加速，我则继续跟在它的身后，突然有几棵树出现在前方，这架飞机不得不拉起来，我借机狠狠地扫射了一通，看着它降低高度，摔在我前方的地面上。坠机地点在我们机场东北大概 5 英里的地方，我后来一直没有时间去现场看一眼。其实也没有什么看头，飞机当时的时速有 350 英里，以接近水平飞行的姿态撞地，碎片散落得到处都是。

我从爆炸的火球上空飞过，P-47 猛烈颠簸了几下，风挡上洒满了油，很是模糊了一会。我又盯上了另一架 FW 190，想法绕到它的身后，正要开火的时候发现机关炮的炮弹从我座舱盖上飞过去，后来战斗记录胶片显示，火球从后面飞来，又顺着曲线从我前边划过。我本能地向右滚转，P-47 向右转向的时候反应最快，我稍微先向左转，然后猛地一下转向左边。我随意地左右快速滚转迷惑了对手，我向后观察的时候，这架 Me 109 还没来得及倾斜机翼跟着我向左急转。航炮的火光一闪一闪地穿过螺旋桨毂，发动机罩盖上的两挺机枪像是快速地眨着眼睛，我看了只是觉得有趣，并不害怕。我滚转的时候机身倾斜与地面垂直，翼梢几乎擦着地面，采用战斗应急功率保持飞机高速飞行，后面的敌机偶尔扫射一下，炮弹一窝蜂地从后面追上来。转了 360 度以后，那架 Me 109 突然脱离，我就去追赶另一个目标。一架 FW 190 在我前方拉起，我扫射了一阵，好像命中了几发，我似乎看见白烟从发动机里冒出来。这时候我的子弹打光了，于是我脱离、返航。飞机从各个方向穿梭来去，全都把油门推到底，高度都不超过 300 英尺。有时候无线电里还有狂喊乱叫，那是谁正帮着队友摆脱咬尾。

子弹打光以后我立刻向西溜走，刚好在 200 英尺的高度上飞过我们机场，没想到这下捅了马蜂窝，高射炮手们全都兴高采烈地对着我开火。我赶紧摇动机翼，一溜烟爬高到 3000 英尺高空，正好在云层下面，高射炮也停止射击。我在这里很安全，如果来了敌机就躲进厚厚的云彩里面。在这个高度上，我像坐在剧场前排一样，清清楚楚地观看下面发生的战斗。

我看见一架 Me 109 向着德国飞回去，后面两架 P-51 在 1000 英尺的高度上追赶。机翼挡住视线的时候，我转了一圈，继续观察 Me 109。德国飞行员

133

大概也看见了我，以为我要攻击，于是我向这边急速跃升，防止我在后面追尾。这样一来，一架 P-51 正好切到他的内侧，距离很近，对着他的机尾来了个漂亮准确的斜射。我一直认为，他们应该帮助我击落这架敌机。

我趁着战斗间隙返回机场着陆。我刚在跑道上着陆，两架 Me 109 就轰鸣着从我头上飞过，扫射机场。我关掉发动机，爬到飞机外面，这时候那两架 Me 109 已经一路咆哮着穿过机场，扫射机场的另一端。一架 P-51 从后面接近 Me 109，显然是想找个好位置从后面射击。高射炮手们也在射击，错过了敌机却打中了 P-51。机场上挤满了人，都想观看空战，把危险丢在脑后。高射炮向 P-51 射击的时候我们都向炮手大喊"别开炮！"P-51 飞行员居然放下了起落架，着陆了。

这位疯狂而运气不好的 P-51 飞行员名叫迪恩·M. 休斯顿（Dean M. Huston），艾奥瓦州埃姆斯人。他说道："我瞄准得好好的，满有把握击落他们，结果他们（高射炮手）把我的油管打坏了。我当时唯一能做的是放下起落架，赶紧着陆，发动机很快就要熄火。我着陆滑跑的时候发动机果然熄火了。"

走回营房的时候我遇上了戴夫·约翰逊（Dave Johnson），早晨一起出击的 8 位 P-47 飞行员之一。他正骑在自行车上，上面载着他的降落伞，已经打开过。两位比利时老乡骑着另一辆自行车，跟他一起来。戴夫径直骑了过去，让我感谢这两位比利时人，他们把自行车借给他让他返回机场。他击落了一架 Me 109，自己也在 Y-29 以北 3 英里的上空被人击落，安全跳伞。落地的地方离德国战斗机坠地的地方很近，约翰逊走过去察看，发现飞行员已经死去，可能是失血过多，大概飞机迫降之前就已经咽气了。身份牌表明这位德国飞行员的军衔是中校。约翰逊把身份牌带了回来，把它拿给几位飞行员看，结果上头来了命令，要他交出身份牌，有专门的单位处理这样的物品。多年以来我们一直以为戴夫击落了某个部队的指挥官；但是记录表明，京特·施佩希特（Gunther Specht）中校是第 11 战斗机联队的联队长，失事的时候驾驶的是 FW 190[①]。戴夫几年以后死于心脏病，看过他那张身份牌的

---

① 沃纳·格比希《应该忘记的六个月》（威斯特·切斯特（West Chester）：谢弗出版社，1991 年），第 100 页。

飞行员都记不清上面的德国飞行员的名字，戴夫击落的那位驾驶 Me 109 的中校到底是谁，一直是个谜。

我们的飞机返航了。约翰·菲尼（JohnFeeney）中尉的飞机被德国飞机打成重伤，他只好跳伞。杰克·肯尼迪（Jack Kennedy）中尉驾驶 P-47 着陆，半个方向舵已经打飞，液压系统全部失灵。我们损失一架飞机，两架受损，但是飞行员都回来了。大队宣称有 12 架德国飞机被击落。后来从战斗纪录影像上看，可以确定有 8 架德国飞机被击毁。我的照相枪拍下了 FW 190 爆炸坠落的影像。这次战斗持续了大约 30 分钟。第 8 航空队第 352 大队第 487 中队的 12 架 P-51 声称击落 23 架飞机，在 Y-29 机场周围布防的第 792 高射炮营声称击毁 4 架飞机。我到底还是参加了空战，而且我们这次是以少胜多。很多文章和书籍都记载了 Y-29 机场上空的这场空中战斗①。

德国人对 Y-29 机场的袭击，只是阿登战役中德国战斗机发动的全面进攻中一个小故事。德国人给这次进攻起的名字叫"底板行动"，动用了大约 800 架战斗机。这次进攻很突然，击毁了比利时境内几个战术机场上的很多飞机。我们幸好及时升空，躲开了他们精心策划的进攻。袭击 Y-29 机场的战斗机来自第 11 战斗机联队，指挥官是京特·施佩希特（Gunther Specht）中校，还有一些德国战斗机来自第 4 战斗机联队，他们没能找到原定目标，比利时勒库洛特的 A-89 机场。

我最后才发现，当时的第 11 战斗机联队刚刚改装最新型号的 Me 109K，有些 Me 109K 甚至还有增压座舱②。这种型号的飞机安装了改进过的戴姆勒-奔驰发动机，可以发出 2000 马力的动力，而且火力更加猛烈。原来安装在机

---

①　有很多书籍杂志介绍这次空战，描述最精彩的是帕克（Parker）《掌握冬季的天空》，373~449 页。其他著作还有：汤姆·艾维（Tom Ivie），《Y-29 传奇》，航空经典杂志第 23 期第 8 号（1987 年 8 月）：38~41 页、52~54 页，原版书名原为《拱顶石》，美国空军博物馆《友人》公报（冬季/春季 1987 年）：24~30 页；爱德华·H. 西姆斯《美国空战王牌》（纽约：巴兰坦书店，1958）22~205 页；格比希《应该忘记的六个月》73~117 页；诺曼·弗兰克斯《空中战场的战斗》（伦敦：格拉布街出版社，1994 年），37~130 页。

②　威廉·格林（William Green），《第三帝国的军用飞机》（纽约：双日出版社，1979 年），第 571 页。

头的20毫米炮换成了30毫米炮，原来安装两挺13毫米机枪的位置，现在安装了两挺15毫米机枪。可怕的Me 109K原是为了对付重型轰炸机的，只需在关键部位命中几发炮弹，就可以报销一架重型轰炸机。那天德国飞行员的第一轮射击没有打中我，我的运气真是太好了。

我们当时还不知道什么"底板行动"，但是这次战斗把德国空军送上了绝路。他们击毁了许多盟军飞机，自己也损失了大量的飞机和飞行员，还有很多中队长和大队长，一时间很难找到称职的指挥官。盟军损失的飞机很快就能补充，只是在战役结束之后很短的一段时间里减少了出击次数。

我在空中盘旋观战的时候，明显看出德国人的攻击缺少那种直截了当的冲劲，他们老是犹犹豫豫地转来转去，好像不知道该干什么。只有少数几架飞机还保持着双机编队，就是那种双机战斗队形，长机集中精力攻击，僚机在后面掩护；而大多数人都是单机飞行，很容易被盟军飞机咬尾击落。我盯着这些唾手可得的目标转来转去的时候，后悔当时胡乱开枪打光了子弹，我要是当时瞄准以后再开火的话，说不定也能成为"一日王牌"。我虽然是已经执行过45次战斗任务的老飞行员，这次空战是我一生中唯一的一次经历，我还没来得及养成所谓的"空战大老虎"所具备的那种冷静的计算能力。

值得一提的是，我们中队也是分散作战的，没有组成战斗队形。战斗结束以后，我问僚机为什么不跟着我，他说："这么多飞机在一起打转，我手忙脚乱地就怕跟他们撞上，所以跟不上你。"我想可能还有别的原因。我们从来没有参加过空战，这回参加了空战都想赶快上去一比高下，别的都顾不上了。当时突然遇上一大帮敌机，我们都没想别的，只是冲着他们一拥而上。如果是早些年德国空军还相当有水平的时候，这回的空战弄不好就会出现另一种结局。

历史学家详细统计了"底板行动"期间德国和盟军的损失。沃纳·格比希（Werner Girbig）在研究报告中指出，德国损失了151名战斗机飞行员，不是阵亡就是失踪，63名飞行员被击落之后当了战俘，德国飞行员的损失总数是214名[①]。

---

① 格比希，《应该忘记的六个月》，15~110页。

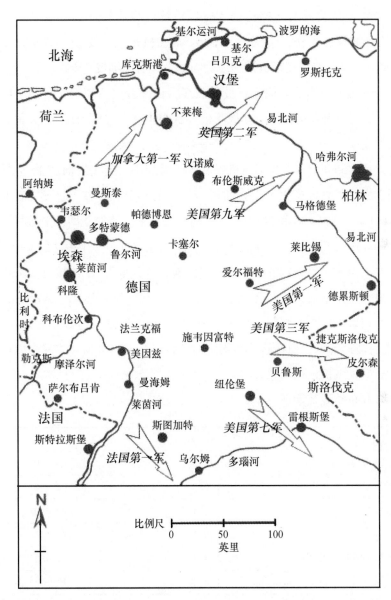

盟军扫荡德国西部，1945 年 4 月（最后两章都可以参考这幅地图，尤其是第 9 章）

盟军损失的飞机和飞行员一直没有确切的数据。当时参加的盟国空军有好几支部队，美国的第 8、第 9 航空队，皇家空军的第 2 战术空军司令部都有损失统计，只是不清楚扫射和空战的损失是不是都算在一起，受伤的飞机是不是也在内。按照丹尼·帕克（Danny Parker）的统计，盟军损失了 300 架飞机。诺曼·弗兰克斯（Norman Franks）统计得比较详细，说皇家空军有169 架飞机被毁、受伤，美国空军有 55 架飞机被毁、受伤。盟军死 19 人，伤 95 人。这些人谁是飞行员谁是地勤人员，没有详细说明①。

我在这里还引用了其他飞行员的叙述，让读者更清晰地了解当时的作战情况②。下面的内容摘自第 366 战斗机大队 1945 年 1 月 1 日的任务报告，做个大致的说明。

正式庆祝新年之后，8 架飞机于 9：15 时起飞。起飞提前了 15 分钟，结果对当天发生的事件产生了很大的影响，完全改变了形势。起飞之后他们立即发现 50 多架 FW 190 和 Me 109 正在向机场飞来。他们立即冲向敌机，在机场上空和周围展开空战。由于这 8 架 P-47 缠住敌机，一个中队的 P-51 得以起飞升空。P-47、P-51 和乒乓炮（高射炮）一共摧毁 39 架敌机。敌机曾向机场扫射，但是造成的损失不大，只有一人受伤。维德迈尔（Widmeier）空军中士在扫射中被击伤腿部。损失了一架 P-47，戴夫·约翰逊（Dave Johnson）中尉被迫跳伞，他在战斗结束之前骑自行车返回机场。菲尼中尉正常滑跑着陆，但是飞机损伤严重。

个人宣布的战绩如下：

史密斯上尉	2-0-0	FW 190
布鲁勒中尉	1-1-0	FW 190
戴维斯（Davis）中尉	1-0-0	FW 190
拉克利（Lackey）中尉	0-0-1	FW 190
佩斯里（Paisley）中尉	1-0-1	Me 109
	3-0-1	FW 190
	1-0-2	Me 109
约翰逊中尉	2-0-0	Me 109
菲尼中尉	1-0-1	FW 190
J. 肯尼迪中尉	0-1-0	Me 109

---

① 帕克《掌握冬季的天空》19~447 页；弗兰克斯《空中战场的战斗》193~200 页。

② 这些内容是我摘自汤姆·利维的《拱顶石》。

佩斯里中尉取得了中队的最高战绩，而且不同寻常的是，有一架敌机是他用火箭弹击落的。

洛厄尔·B. 史密斯（Lowell B. Smith）上尉是中队长，我记得他领着我们俯冲接敌的时候在无线电里大喊"发现目标"。他这样做可能是为了唤起战友们的斗志，他听说皇家空军的飞行员在不列颠之战中攻击德国轰炸机的时候也这样高喊。下面是他的叙述：

"1945 年 1 月 1 日我带领'文物'中队执行近距离支援任务。我们刚刚起飞，正在编队的时候，'文物'的红色 2 号机通报说，机场东北方向有高射炮在射击。我领着中队前去察看。接近高射炮的时候我们看见敌机正在扫射 Y-32 机场的跑道，另有一架敌机正向 Y-29 机场飞去。我们立即投入战斗。

"我在一架 FW 190 尾后占据位置，从座舱里看见周围有几架飞机在射击。我对准前面这架飞机猛烈射击，观察到敌机起火。我的僚机说他看见这架敌机坠毁。

"然后我咬住另一架 FW 190 的尾巴，追着他向东跑了 20 到 30 英里，但是始终追不上他。我几次开火都因为距离太远而没有打中，后来只得脱离，返回 Y-29 机场。我在机场北面又遭到一架 FW 190 的攻击，我向右急转，摆脱了他。当时我们的高度不到 500 英尺，这架 FW 190 滚转的时候直栽进地里。

"杰克·肯尼迪是起飞后第一个发现高射炮火的飞行员，而他可能是中队里视力最弱的一位。高射炮吸引我们过去看个究竟。接下来很快发生了大事，杰克是这样说的。

"还记得我们开了个除夕晚会，第二天早晨我参加第一次任务，所以我在晚会上不怎么活跃。有几位比利时姑娘参加晚会，那天晚上德国人还送来了几颗杀伤炸弹。我还记得，空袭的时候我跟一位姑娘躲在没生火的壁炉里。德国人夜里发动的空袭虽然讨厌，但是没有造成多大破坏，倒是有几个人伤亡；每次空袭一来我们就得从床上爬起来躲进战壕里，可能这就是他们的目的。再回到任务上。我不记得起飞的时间，但是确实很早。那天晚上我是不是回去睡觉也记不得了。我大概是睡了，因为我把飞行服穿在睡衣外面。跟我住一个帐篷的伙伴贾吉·麦克莱因（Judge McLean）说，他也跟我一起出击。我坐进飞机以后还问他怎么起动。我在编队里飞'红色'2号，是中队长L. B. 史密斯上尉的僚机。

"我们全都快速起飞，当我飞到史密斯的僚机位置的时候，我看见高射炮火，然后佩斯里在雷达屏幕上发现9点钟方向有不明信号。我向那边张望，一开始什么也没看见。接着我看见他们扫射我们跑道的北端。我不知道是不是下令丢弃炸弹，但是我把炸弹扔掉了。我不知道德国飞机到底有多少，我猜有五六十架。几秒钟的工夫我们就冲到德国飞机中间，不知道是我没跟上史密斯，还是他把我甩掉了，反正当时到处都是飞机，乱成一团。我飞到一架 Me 109 的尾后，一开始我还以为是架'喷火'。这架 Me 109 充满了瞄准镜，我只打了几发子弹，机尾就被打中。我发现身后有两架 Me 109。我突然向右急转，敌机追着我开火。我的右翼连中了几炮，液压油烧了起来，机翼上全是火。我第一个念头就是跳伞，于是解开安全带，准备往外跳。规定说一定要从右侧跳出飞机，但是我看着机翼上的大火，心想不能从这里跳出去。我向左面滚转，绕过一堆黑烟（地面的烟雾升到 500 英尺高），那两个家伙还在后面跟着我。我没法躲开这些混蛋，好在第 352 大队的两架 P-51 过来，把我屁股后面这两架 Me 109 赶走。那天云层很低，我钻进云里。云层里面也有飞机，四面枪炮声大作。我从云里出来的时候，战斗基本上结束了。我找到机场的位置，打电话告诉塔台我受了点伤。我在很高的速度下放下起落架，放下襟翼——襟翼没有反应，结果以 100 多英里/时的速度接触跑道。我去踩刹车——刹车失灵。我沿着跑道滑行的时候速度足有 30~40 英里/时，一直向前冲去——最后终于停了下来。

"梅尔文（梅尔）·佩斯里（Melvyn（Mel）Paisley）是我们中队战绩最高的人，还用火箭弹击落过一架敌机。写这封信的时候他在华盛顿特区，是海军部的助理部长。

"我击落第 2 架敌机之后，第 352 中队起飞参加混战。在爱德华·H. 西姆斯（Edward H. Sims）的《美国王牌飞行员》一书中，关于第 352 中队的事迹是由 J. C. 迈耶（J. C. Meyer）上校撰写的，该中队由于反击德国人的攻击而声名大噪。我采访迈耶上校的时候他已经是四星上将，空军副参谋长，他跟我谈了整个战斗的细节。他还指出，如果不是我们发现德国人，这 80 架德国飞机很可能把他的大队打垮在地面上。"

然后，他讲了"文物"中队的中队长洛厄尔·B. 史密斯在战役期间的信件摘抄。80 年代他把这封信寄给当时还在世的各位飞行员。

在我内心深处，我一直认为你和中队里的各位军官在 Y–29 机场上空的战斗中取得了极大的胜利，他们都以非凡的勇气毫不犹豫地扑向敌人，不顾敌人数量上的优势。迈耶将军把荣誉归功于自己和他指挥的第 8 航空队的那个大队（参考迈耶在 E. H. 西姆斯（E. H. Sims）的《美国王牌飞行员》中的叙述），是不正确的。记录也证明了我们的功绩。另一个事实是第 390 中队曾经积极参加突出部战役，那时候损失惨重，跟德国人空战的时候我们只有 8 架能飞的飞机出动执行任务——其他的都在袭击德国装甲师的战斗中损毁，要么受了伤在修理。如果我们中队的 12 架飞机全部升空，我想记录肯定会更加辉煌。

我们的攻击很流畅，咬住目标的尾巴，而敌机当时正在集中注意力轰炸机场，摧毁地面上的战斗机。我们击落了先头的几架，我想敌机的指挥官可能也在第一批倒霉蛋里，德国人转过身来战斗的时候，机场受到的压力减轻了。

这就是我们大伙立下的功劳。

Y–29 周围的战斗结束之后，还有一项吸引人的活动：比利时的航空爱好者和历史学家正在收集当年战场上击落的飞机残骸。我的一位友人，当地的历史学家，比利时亨克的卢西恩·博热（Lucien Bogers），寄给我一张 Y–29 机场周边地区的地图，上面标着 1 月 1 日空战击落的德国飞机的位置，在 Y–29 机场周围区区 8 千米（4.8 英里）的范围内，竟有 11 架德国飞机坠落。

这次战斗得出了一个结论，就是高射炮手明显不能识别敌我飞机。这一点我们真是不能理解。他们看着 P–47 一天到晚在他们头顶上飞来飞去，居然还向我们射击。守卫 Y–29 机场的第 792 高射炮营的营史声称，德国人空袭期间他们从未向友机开过火①。我不是唯一一个遭到射击又逃出高射炮魔

---

① 第 792 高射炮营军史，亚拉巴马州麦克斯韦空军基地空军历史研究处。

掌的飞行员，他们还打中而且重创了一架 P-51，逼得飞行员紧急降落。我们提出抱怨以后，他们把炮手的飞机识别图拿给我们看，还让我们站在他们的观察哨所里，为他们识别飞机，这样才算罢休。这场内讧持续了两个星期。

那天的第二项任务还是对地支援，我们在突出部地区袭击了德国部队。接下来的几个星期战果颇丰，我们击毁了很多德国的装甲车和运输车，地面部队则把德国人慢慢推回边境。有些飞行员报告说看见了德国的新式喷气飞机尖啸着划过天空，但是从整体上说，德国空军很不活跃。有些战友交了好运，不但发现了德国飞机，还跟他们打了一场空战。可惜我的运气还是不好，自从1月1日的战斗之后，我在整场战争里再也没有看见空中飞行的德国飞机。任务又回到了原来的样子，战争时期的战斗任务竟然是这个样子。我们继续跟天气和高射炮搏斗，吃力地识别地面目标，有时候连目标也找不着。

我回想起1月16日的一次任务。我们没能找到值得轰炸的目标，空地管制员把我们调到另一个战区，我们在这里也没有找到目标。由于油量已经不多了，管制员让我们自己寻找目标攻击。我们都知道，德军用树林做掩护，所以一遇上靠近前线的森林，大伙就去看个究竟。从10000英尺的高空看不见什么，我自告奋勇下去，从近处观察一下。眼前的景象让我吃了一惊，原来树林里满是德国人。他们看一架 P-47 突然擦着树梢飞过来，也同样大感吃惊，我还清楚地记得他们四散隐蔽的时候那种慌乱害怕的眼神。对着树林俯冲轰炸和扫射的时候我心里有点内疚，实在同情这些可怜的德国步兵。

最近一两个月的激烈战斗，先是许特根森林，后来又是突出部战役，大队的飞机急剧减少，严重削弱了我们的战斗力。为了快点得到新飞机，我们让休假回英国的飞行员去利物浦附近的伯顿伍德机场，把飞机直接开回来，这样也省得他们搭乘别的什么交通工具返回大队。结果一开始就不顺利，第一个开飞机回来的飞行员索尔·费克托罗（Saul Faktorow）出了事故。他从英国往回飞的时候一路平安无事，到了布鲁塞尔附近开始遇上麻烦。天上开始起雾，而且，说对了，他没找着我们的机场，在前线上空兜圈子，结果这架新飞机被打得满身窟窿。最后他终于把飞机开回了家，但是飞机已经报废。这一架也记在索尔的名下。

我们经常去比利时哈瑟尔特镇上的餐馆，缓解作战压力。这个镇子离

Y-29机场差不多有 7 英里。一天晚上查克·本内特和我跟餐馆里的两位姑娘搭话，问她们是不是想喝啤酒。这个时期大多数比利时女孩都能听得懂英语，所以交谈是没有问题的。她们回答说不想喝，只想来杯葡萄酒。一位姑娘转向另一位，用土里土气而且语速很快的弗兰德语说道："啤酒喝多了容易上厕所。"我哈哈大笑起来，我听得懂弗兰德语，也用弗兰德语对她说，"Gspriektte rap voor mtevoorstaan, Spriekt bettjetrager."（"你说得太快了，我听不懂。慢点说。"）。她们发现我能听懂她们的话，一下子脸都红了。听得懂也会说这种美国人很少人懂的外语，真是很有意思。当地人一有什么私事，就在美国人面前用弗兰德语交谈。

战友们排解压力的另一种方法，是晚上到休息室里，要不就钻进某个帐篷，喝点酒，海阔天空地吹吹牛皮。我们偶尔还能看上电影。这些活动让我们排遣苦闷，还能增进友谊。当然我们最喜欢的还是开个晚会。在这方面，第 390 中队因为有了哈里·维尔德哈贝尔中尉而感到自豪，这是个晚会狂，一眨眼的工夫就能把晚会安排好。我们老是招呼他："哈里，咱们开个晚会如何？"他给我们安排了圣诞晚会，晚会上的那些美味佳肴我们已经久违了好几个月。新年晚会居然还有一帮哈瑟尔特的姑娘屈驾光临。最好的一次晚会是 1 月 19 日为第 390 中队的军官们安排的，借用哈瑟尔特旅馆的舞厅，请了一支正宗的乐队，数不清的饮料和点心，还有那么多舞伴，简直称得上是节日盛会。我给哈里当帮手，他想要什么我就把他的话翻译给那些比利时商人。他真是中队的宝贝，我真想提个建议，给每个中队配备一名这样的天才人物。

哈瑟尔特镇上发生的一件事，把几位战友纠缠了差不多 10 年。每天晚饭以后，中队长都会批准我们开着弹药车——是一辆小卡车——去哈瑟尔特闲逛。这天晚上差不多有 10 个人挤进货车里，开到哈瑟尔特，把卡车停在镇广场上。因为军车没有钥匙，为了保险起见我们拆掉了分电器的盖子和分电头，说好 22：00 时会合，回机场。到了约定的时间，我们发现什么人把卡车偷走了。不远处还有一伙大兵也在发动卡车，但是发动不起来。他们为了安全起见，用铁链把前轴锁在灯柱上。机灵的小贼把他们车上的分电器盖和分电头取下来装在我们的卡车上，然后开着车子扬长而去。

哈瑟尔特镇上的英国宪兵借给我们一辆英国卡车，把我们送回 Y-29 机场。我们把车挤得水泄不通。杰克·肯尼迪肯定坐在非常危险的位置上，多少年以来每次聚会的时候他都会跟我们说，那天晚上他没从车上颠下来摔死真是万幸。马蒂·马丁（Marty Martin）少校冲着我们大发雷霆。那是辆崭新的卡车，马蒂说我们太粗心大意，要我们赔车。我凭着侥幸逃过了这一关。那次事件不久他们派我临时担任第 5 装甲师的空地管制员。我离队以后他们写文件的时候忘了我，没有把我列在名单里。其他的伙伴们每人要掏 72 美元。查克·本内特收到账单的时候正住在医院里，身上有几处伤。其他人大多很快付了钱，只有桑迪·罗斯（Sandy Ross）认为这个钱出得不公道，多年来一直想取消它，不过后来他也终于付了款，因为 1954 年空军威胁说要走法律程序。因为我逃过了罚款，伙伴们一直恐吓我，说要去揭发。好在一直没有发生什么事，我们聚会的时候我偶尔给他们买几杯酒。后来，我们 1986 年聚会的时候，我听见梅尔·佩斯里（Mel Paisley）吹嘘说他也没被抓住，结果他也为大伙买了酒。从这以后，我又向二十几个人发了通知，说他们当年也在那辆卡车上，很多人都上了当。

晚会和别的事并不影响我们一步步走向胜利，每天早晨都有新任务等着我们。1945 年 1 月中旬，希特勒承认突出部战役的攻势已经瓦解，同意部队向德国撤退。德军害怕战斗轰炸机的攻击，只能在夜间行动，要么趁着坏天气我们不能起飞的时候溜走。侦察机发现敌人开始后撤，但是有阿登地区的森林、山丘、低云和大雾做掩护，想攻击他们实在困难。侦察结果表明，今后几天天气仍然不好，德军车辆挤满了道路，整夜派人瞭望，提防战斗轰炸机的攻击。现在战斗轰炸机飞行员想去攻击他们，真比做梦还难。虽然攻击越来越不容易，但是我们的梦想也一天天变成现实。

1 月 22 日跟前几天没有什么差别，还是阴冷的天空和大雾，但是比前几天多少好了一点，可以看见机场另一头的树木。飞驰的云层开始变得一块一块的，高度 500 到 1500 英尺，从机场上空滑过，但是好像可以起飞。天气预报也这么说，只是起飞大概得推迟到午后。

那天的作战命令要求第 366 大队的三中队依次出动，掩护、支援第 7 装甲师追击比利时马尔梅德附近后退的德国人。计划每次任务出动一个小队 4

架飞机，黎明的时候派出第一批，然后每隔 20 分钟起飞一个小队，就这样持续一整天。每次 4 架飞机是这种天气下的标准作战方法，少数几架飞机更容易指挥，在云层里进进出出的时候也不会失散。第 7 装甲师的空地管制员的无线电呼号是"威特拉格"，它就在马尔梅德附近。

那天第一拨起飞的是警备小队的 4 架飞机，第 389 中队和第 391 中队各出动两架。8：30 时他们在一片曙光中升空，绕着机场巡逻，其他飞机开始执行对地支援任务。警备小队起飞之后，第 391 中队的两架飞机出动前去侦察威特拉格附近的天气。长机是弗洛伊德·N. 哈斯（Floyd N. Hass）中尉；僚机是雷·亨特（Ray Hunt）中尉。他们在马尔米特的引导下从云层上方接近威特拉格地区，弗洛伊德·哈斯（Floyd Hass）穿云而下，测算云层的高度。哈斯下降的时候雷的距地高度保持在 1750 英尺左右。雷·亨特只听见哈斯报告说他现在的高度是 2000 英尺，然后就没有声音了。以后很长时间弗洛伊德既没有说话，也没有应答，雷·亨特也跟着下降，发现云层有好几层，云量 9/10，最低的云层高于地面 300 到 700 英尺。然后他返回了机场。战后记录显示，弗洛伊德·哈斯坠落在马尔梅德东北 10 英里外的山坡上。

第 389 中队的 4 架飞机在乔·A. 凯利（Joe A. Kelley）中尉的率领下于 9：46 时起飞。天气不好，他们没能攻击威特拉格地区，马尔米特让他们飞到马尔梅德东南偏东方向 30 英里的地方。他们透过云层的缝隙看见路上和几个小村庄周围有德国车辆，于是穿过缝隙俯冲轰炸、扫射，然后穿过 500 英尺的云层重新集结，再次轰炸扫射。他们击毁了 4 辆车，击伤 12 辆，还引爆了一个可能是弹药库的地方。两架 P-47 被高射炮打成重伤，一位飞行员返回机场，另一位飞行员中尉弗兰克·史密斯（Frank Smith），向西飞的时候失去联系。弗兰克几天以后归队，讲述他的惊险经历。

一发 20 毫米炮弹在他左翼的机枪安装座上爆炸，安装座的盖板掀开，挡住了襟翼，几条子弹带也炸了出来，随着气流左右摆动，不停地撞击机翼和襟翼。为了保持平飞，方向舵和副翼都向右转到最大角度，发动机开到最大功率，速度才勉强超过 210 英里/时。史密斯没法超过阿登地区的小山回到战线的美国一侧，最后在离圣维特 5 英里远的地方机腹着陆。这里是德国人的地盘，但是他躲过了德国人，4 天以后找到了美国部队。

第390、第391中队和第389中队执行了三次任务，每次4架飞机，都遇上了坏天气。他们在极度困难的条件下轰炸扫射了几个小型的装甲运输队，可能击毁12辆半履带车和15到30辆卡车。局部地区的天气还算可以，但是眨眼工夫又消失了。

11：00时第390中队起飞执行任务，马蒂少校担任领队长机，僚机是桑迪·罗斯中尉，我是另一个双机组的长机，僚机是克里·戴维斯（Curry Davis）中尉。我们起飞之后在800英尺的高度上入云，爬升的时候穿过几个云层，出云的时候已经达到5000英尺的高度。马尔米特让我们飞向圣维特以南，我们穿过云层缝隙看见50多辆卡车和别的车辆，全都集中在这个小镇里头。向马尔米特通报以后，我们就穿过缝隙俯冲轰炸，炸毁了11辆车和两栋房子。向东飞行的时候我们突然发现长长的一列德国运输车队，正借着云层的掩护向德国逃跑。这时候天上有几道破碎的云层，云层下方一片昏暗。可能就是这个原因，让德国人以为天气太坏无法飞行，厚厚的低云慢慢在头顶上飘动，他们在下面很是安全。但是从空中观察，云层这里那里都有不少空洞，足以让我们冲下去袭击车队。我们就是穿过空洞发现这一大批德国运输车的。我们盘旋着降低高度，跟车队保持目视接触，这时候低垂的太阳把光线投射过来，云层开始升高，能见度每分钟都在提高。

马蒂让我和僚机在空中待命，马尔米特让我们占据有利位置。通知说天气正在转好，所有飞机都要出动，袭击这一长列卡车。马蒂和桑迪开始俯冲扫射。我让克里注意观察敌机，然后我们爬升到9000英尺，这样马尔米特可以在雷达上观察我们。花了5分钟才确定我们的位置，克里和我也跟着马蒂、桑迪一起扫射，沿着车队从上空飞过去，德国人乱成一团，从卡车上跳下来躲避扫射，这一幕还清晰地印在我的脑海里。实然马蒂命令我们停止扫射并返航。我服从命令之前又冲下去扫射了几轮，然后才往机场飞去。我们离开以后，车队上空的天气越来越好，云量7/10，全是破碎的云层，高度500至1500英尺。

落地以后我们才知道为什么这么快就结束了任务：一发20毫米高射炮弹在马蒂的主油箱里爆炸，自密封油箱止不住漏油，主油箱里的燃料都淌光了。好在只要飞20分钟就可以回到机场，辅助油箱里那点油正好够他返航。飞机之所以没有爆炸，可能中弹的时候主油箱几乎还是满的，炮弹就在燃油里炸开，周围没有油料蒸气，火烧不起来，当然也没有爆炸。我们知道油箱有保护层，中弹以后不会爆炸，但是没想到它居然能经得起炮弹爆炸的冲击。

最近我和桑迪聊天的时候，他还回想起当年穿过云层看见那一长列车队的情景，当时真是吃了一惊。他告诉我说，当时卡车上全是德国人，一辆挨一辆地挤在一起，他每次进入扫射航路的时候都能对准好几辆车开火，然后再把飞机拉起来。估计他和马蒂打死了 200 多人，摧毁了 34 辆卡车。

我们发现德国的摩托化车队，这时天气也开始转好，于是长长的德国车队开始遭到马蜂一般的战斗轰炸机的攻击。沿着艾费尔地区的公路网后撤的德军也由于天气转好而堵在路上。艾费尔是阿登山区一座林木茂密的山岭，高高地横亘在圣维特东部。第 391 中队的 4 架飞机在文斯·克拉默上尉的带领下升空，随后就在马尔米特的引导下向着第 390 中队发现的目标飞去。每架飞机都在翼下挂载了两枚 500 磅炸弹，机腹挂架上还有一枚 260 磅的杀伤炸弹。他们接着攻击，声称击毁了 20 辆卡车，打伤很多辆。扫射的时候他们遭到 88 毫米重型高射炮的射击，这种炮以前很少遇上。他们报告说炮打得很不准，但是特别吓人。又有一架 P-47 被高射炮打成重伤，可以出动的飞机又少了一架。

第 389 中队在上尉埃尔滕·迪尔曼（Elten Diehlman）的带领下继续攻击，又击毁了 7 辆卡车，破坏了一个轻型高射炮阵地，消灭三门高射炮。我们扫射的时候一直受到这个阵地的射击。更重要的是，第 389 中队的几颗炸弹准确命中，切断了公路，整个德国车队都搁浅在路上。大部分路面都满是积雪和泥浆，德国人泡在路上动弹不得。从各方面看，这次战斗都是诺曼底法莱斯合围之后战果最大的一次。德国的后撤地域比法莱斯包围力度大得多，活动空间也大，我们不用排着队等待攻击。唯一欠缺的是好天气，勉强可以轰炸扫射的时间只有几分钟，然后天空又变得一片昏暗。

应该向读者说明，书里讲述的任务，只是整个比利时-德国边境上发生的无数次战斗中的一例。各种型号的飞机都在观察天气，随时准备出动，攻击路上的德国部队。我自己就见过 P-47、P-38、"喷火"和"台风"向德国人攻击①。德国飞机一架也没见着。制空权确定无疑地掌握在我们手里。

几个星期以前涌进比利时的德国陆军，现在大部分都被困在这里。德国人以为天气太坏无法飞行，所以下了赌注，但是他们没有想到，我们接受过仪表飞行的训练。德国战斗机的仪表不够完善，也没有多少战斗机飞行员掌握仪表飞行的技能②。这可能就是他们下错赌注的原因；德国人以为自己的战斗机不能在这种气象下飞行，我们大概也不行。另一个原因是他们没想到我们会揪住德国陆军不放，德国陆军没法躲开我们的轰炸和扫射。只要天气稍微允许，我们就马上起飞攻击。

只要地勤人员把4架飞机准备好，我们就马上出击。每次任务的时间大概是1小时20分钟。如果天气允许，我们就多停留一会，尽可能多消灭点德军。虽然战场上空的天气没什么变化，我们机场的天气却很快变得越来越坏。

这一天飞行员和地勤人员都疯狂地忙碌着。虽然多数任务只是出动一个小队，4架飞机，我们都快速行动起来，每个中队都有两个小队可以随时升空。经验丰富的地勤人员可以在30分钟之内把一架飞机整备完毕，加油、挂弹、重新装填子弹。一架飞机出去执行任务，地勤人员就转而帮着整备别的飞机。大伙都全身心地密切合作。飞行员可以消灭敌人，是因为地勤人员站在他们身后。

每架飞机配备4名地勤，地勤组长、地勤副组长、军械士和无线电技师，另外还有一组人马在各架飞机之间流动作业，钣金工修理高射炮打坏的地方，再就是螺旋桨专业技工、仪表专业技工和其他专业领域的人员。他们都在一起工作，必要的时候互相帮忙。

地勤人员的工作条件很差，所有作业都在露天完成。最近一次聚会的时候，第366战斗机大队的地勤组长拉尔夫·沃利弗（Ralph Woolever）中士还想起那次痛苦的经历，他在狂风暴雪里更换发动机上的36个火花塞。这项工

---

① 帕克《掌握冬季的天空》，引用了《达斯伯格的屠杀：1月22日》一整章的内容，描述那一天摧毁德国车辆的情景（第23章）。他引用德国第7集团军司令埃里希·布兰登贝格尔（Erich Brandenberger）将军的话说，"空中形势一边倒，跟诺曼底那一天极为相似"。

② 阿道夫·加兰德，《最先与最后》（纽约：巴兰坦书店，1963年），第190页。

作不能戴手套，难度之大简直无法想象，冻僵的手上指关节的皮肤都脱落了。吉姆·海泽（Jim Hizer）中士对沃利弗的话深有同感，他还补充说，他的手指还曾经冻在冰冷的金属零件上。地勤人员有时候可以钻进跑道周围的帐篷里暖和几分钟，如果遇上飞行任务繁重的日子，就像现在这样，根本没有时间得到这种奢华的享受。大伙回忆说，欧洲的冬天白昼很短，夜间维护又不许点灯，维护工作只能在白天完成，要不就得推到第二天。"随时可以飞行"不光是团结一致的口号，也让地勤人员付出了很多劳动和心血。

下午的任务是接着大开杀戒。有几次任务遇上了好天气，给了德国人一顿好打，有的任务却完全为低低的云层所扰。下午战场上的天气没有引起我们的注意，倒是自己机场上的气候让我们捏着把汗。我们知道，一到冬天整个欧洲都会弥漫着冰冷的浓雾，我们只盼着雾晚点升起，好让我们把任务完成。

下午慢慢过去，投入战场的飞机越来越多，战场上空变得拥挤起来。雷·亨特和几个飞行员执行任务返航之后都说，"这么多飞机都在一块地方，像乌云一样压着地面，又挤又危险，到处都是俯冲、拉起的飞机，中间还夹着高射炮火"。最近一次聚会的时候，我们几个人又谈起那次任务，大伙都一致认为"目标真是太多了，看都看不过来，但是扫射和俯冲轰炸更他娘的可怕"。想起当时驾着飞机钻过云层中的空隙对准目标一路呼啸着俯冲扫射，心里还是那种又兴奋又害怕的感觉。飞机在云层下面随时都可能被高射炮打中，所以我们扫射完毕之后就爬升到云层上方。现在回想起来，大伙都承认那会儿真是年轻，不知道害怕，在云层高度只有 500 英尺的情况下以 30 度的角度俯冲，向地面的德国部队扫射，简直就是玩命。

第 391 中队的埃贝尔·辛普森（Eber Simpson）中尉领着手下攻击早晨发现的那个德国车队。他发现德国车辆都紧挨着停在那里，双向车道都堵满了，各式各样的飞机都在攻击。他们也过去搭了把手，估计有 20 辆卡车被毁，200 辆受创。飞行员说这是保守的估计，但是天气不好，妨碍攻击。

后来又出动了 4 次。目标散乱得到处都是，我们大队追着他们攻击。这 4 次任务总共击毁 51 辆卡车、11 辆大货车、5 门大炮、7 辆坦克和 4 辆半履带车。回来的人都说车辆燃烧的烟雾太大，把目标都挡住了。

第389中队执行高射炮压制任务，想削弱小口径高射炮的炮火，高射炮给我们造成严重的损失，有几次任务只能出动三架飞机。返航以后他们说摧毁了一个20毫米高射炮阵地，扫射了另外几个，击毁16门高射炮，另外还有8辆卡车。飞行员还说，机场上空的天气继续恶化，着陆非常危险，但是作战军官说不要理会这个（我同意作战军官的话。他们不是躲在后面对我们指手画脚，自己也在这样的气象条件下作战，跟我们一样面临危险）。

后来第390中队的三架飞机又出动了一次，第391中队出动了两次，每次4架飞机，第389中队出动了三架飞机，我们得意扬扬地结束了这一天的攻击。这几次任务又击毁了50辆卡车、6辆半履带车、两辆侦察车和4栋房屋，消灭了100多名德国人。第389中队最后一次执行任务的那个小队发现二级公路上还有100辆卡车和各色车辆完好无损。他们过去扫射了一通，只打中了几辆车就不得不返航。他们着陆的时候真是心惊肉跳。飞机绕来绕去，睁大眼睛想在大雪和浓雾中摸索着落地。

那天晚上机场的警备小队在天气渐黑的时候着陆，刚一落地机场就淹没在一片大雾之中。他们说能见度大概只有半英里，这时候是17：30，第366战斗机大队英勇战斗的一天结束了。飞行员们在极端恶劣的天气下尽了最大努力。

这一天执行了25次任务，出动94架次，损失两架飞机（弗洛伊德·哈斯和弗兰克·史密斯驾驶的飞机）。另有5架被高射炮打成重伤，轻伤者不计其数。飞行员弗洛伊德·哈斯中尉阵亡。那天的全部战绩如下：

卡车	284	大型货车	11
坦克	9	侦察车	2
半履带车	25	房屋	10
高射炮	5	弹药库	1
大炮	5	列车	1
人员	350		

当然这个战绩只是我们估计的。车辆爆炸、起火燃烧之后才知道是不是被摧毁，所以很难统计出精确数据。

接下来的几天天气仍然不好，我们仍然去攻击德国部队。1 月 23 日我们执行了 8 到 10 次任务，出动了 115 架次轰炸德国人，代价是 6 架飞机被高射炮打伤，一架被击落。第 389 中队的戈登·斯蒂尔（Gordon Steele）中尉在扫射的时候被高射炮重创，在敌人占领的地区迫降。他的僚机看见他从飞机里跳出来，向着树林跑去。他很快就被德国人抓住，在德国度过战争剩下的日子，1945 年 4 月 28 日被美军解救。

1 月 24 日天气重又变坏，我们只出动了 64 架次，每次 4 架飞机。高射炮又打伤了 4 架飞机，损失了第 390 中队的约翰·菲尼中尉。最后有人看见他满身是火地向西飞行。那天下午机场被大雾吞没之前，估计出动了 24 架次。战争结束之后我们才知道约翰的遭遇。他的油箱中弹，爆炸从左侧把座舱盖掀开，飞机开始着火。从哪一侧跳伞都不可能，好在高度还够，可以控制住飞机的翻滚，最后降落在地面，只是眼睛周围有点烧伤。他于 5 月 6 日重获自由。

1 月 22—24 日这几天里，美国第 9 航空队在英国第二战术空军司令部的协助下，将后退中的德国部队大部分摧毁。这三天里消灭了 6600 辆机动运输车和数不清的坦克、大炮、火车①。实际损失肯定没有宣布的多；但是从宣布的数据来看，可以知道德国人遭受了多么惨重的损失。坏天气终于好转，我想参加突出部战役的德国陆军大多被消灭在这里。当然，如果天气好的话，他们也不会这样满不在乎地驶上公路。战术空军受到美国驻欧洲航空兵司令卡尔·斯帕兹（Carl Spaatz）将军的夸奖，说我们在这样极端恶劣的条件下很好地完成了任务。

这两个月在各种各样的气候下飞行，逼得我们发明出一套进场着陆的方法，尽可能保证安全着陆。通常我们都以密集队形穿过云层。Y-29 周围是平地，但是当地的煤矿太多，煤矿堆积到 500 英尺高处，云脚就在这个高度上飘荡。好在煤矿堆都在机场的北边，从跑道东南方向降落最为安全。问题是如何在云层上方找到机场，在这个安全方向上着陆。机场的无线电测向台（RDF）是唯一可以帮助我们导航的设备。

---

① 帕克，《掌握冬季的天空》。

　　我们返航的时候先询问无线电测向台的操作员是不是听见我们到达机场上方。知道到达机场上空以后，我们把航向转到 240 度，然后排成一列，以 10 秒钟的间隔按照规定的空速和倾角穿云下降。到达一半高度的时候来一次规定转向，每次转向 60 度，同时继续下降。一般情况下，下降到 500 英尺的时候就可以看清地面。跑道尽头 1 英里以外的一座白色大理石教堂十分醒目，正对着跑道中心线，是个绝好的着陆参照物。我们从云层里钻出来，看见白教堂以后，就从它上面飞过，把航线转到 60 度，一边进场一边放下起落架和襟翼，瞪着眼等着跑道出现。当然不是每次都能如愿。当地多是阴云低垂的雾天，有时候降落弄得一团糟糕，空中的飞机就得想尽各种方法才能落地。

　　卢西恩·博热寄给我一张那座天主教堂的照片，教堂还在那里，建在威明默尔镇上。1995 年我参观教堂，凝望着它的白色尖塔，感谢它在那些阴暗的冬天日子里为我指明跑道。

　　不但我们在冬季恶劣的气候下飞行历尽艰难，机场和跑道的条件也坏到了极点。跑道是用穿孔钢板铺成的，即使上面没有结冰也滑得厉害。好在我们在跑道上滑行的时候可以把冰碾碎，被螺旋桨的气流吹到一边。一两个中队起飞之后，跑道就变得干净了，只有一两块凹处还积着水，一会又冻成冰。我想起一次任务，夜里下了雪，清晨跑道上的积雪有 8 到 10 英尺厚。我是早晨第一批执行任务的飞行员之一，我登上飞机的时候，六七个人挥舞铁锹在滑行道上奋战，地勤组长阿尔·恰普利茨基和吉姆·海泽忙着把机翼上的冰清理干净。两辆卡车带着扫雪机来来回回清理跑道，滑行道已经清理干净了。我滑行到跑道上，站在起飞位置的时候，清扫出来的跑道还没有翼展宽。这还不打紧，前面起飞的飞机吹得雪花漫天，我几乎完全靠着仪表才飞起来。我是顺利起飞了，任务完成以后几个伙伴叙说他们如何扭来扭去把机轮陷在雪堆里，起飞滑跑的时候如何险象环生。

　　我们都知道，战斗飞行刺激、紧张又充满了危险，而且都准备坦然面对命运的安排。我们忠于职守，但又想尽了一切办法保证自己的安全。我每次出去执行任务，都搞点迷信活动。我们的飞行服是单独装在木箱里的，放在飞机保险场的帐篷里。取出飞行服执行任务的时候，我都习惯性地盖上箱盖，然后上锁。这个动作重复两次。12 月 6 日执行任务的时候过于匆忙，忘了这套把戏，结果飞行的时候一直忐忑不安。并不是我这样迷信；有些飞行员穿上幸运鞋，有些则戴上护身符。顺便提一句，有几位英国飞行员也遵循这套仪式，但他们不是称它为"敲木头"，而是称它为"摸木头"。

第9章　最后几场战斗

最后的几场战斗结束得很快，又消灭了几个敌人。德国人到这时候还不投降，我们都百思不得其解，看来只有最终打败他们才能算数。

我第一次发射火箭弹是在 1 月下旬。我们的飞机都逐个安装了 4 个零长度火箭发射导轨，瞄准具可以调节，这样就可以发射 5 英寸高速空空火箭（HVAR）。新式瞄准具边上有一张图，显示空速、俯冲角度和目标远近之间的函数关系。各项参数都是相互关联的，在射击航路上设置瞄准具是件非常麻烦的事。我们把火箭弹打出去，它们就在机头下面飞行，几乎看不见，也不知道飞到哪儿去了。我用这种武器什么也没打中过。后来，确切地说是 3 月 30 日，终于制定了几项实战训练课目。每天有一个中队脱离战斗，专门练习火箭弹。关键是要努力达到瞄准具设置的飞行状态，这样才能发射火箭。射击精度随着训练一点点地提高，我终于可以在很近的距离上打中目标。我自己猜想，如果这时候正在作战，周围都是高射炮火，除了房子那么大的目标以外，我肯定什么也打不中。

火箭弹的挂载方法非常碍事；火箭没发射完，我们就不能开炮。火箭弹的位置正在抛壳道下方，机枪排出的弹壳和弹片就掉在火箭上，如果现在开炮，弹片和子弹壳会把火箭弹的点火线打断。这样挂载让我们很是心烦，我们的老办法是用曳光弹吓唬德国的高射炮手，把他们赶到掩体里去。更糟的是，不久之后就开始使用新型子弹，把曳光弹取消了。

我们都认为曳光弹只能产生心理作用，无助于瞄准。纵火效果也比不上燃烧弹。原来每隔四发子弹就有一发曳光弹，相当于我们浪费了 20% 的破坏力。为了提高机枪的效力，提高子弹的燃烧能力，现在使用新的弹药，机枪全部装填穿甲燃烧弹（API），不再用以前那种 2-2-1 的装填方式，每五发子弹就有一颗曳光弹。我第一次使用穿甲燃烧弹的时候发现两个奇怪之处。其一是没有曳光指向目标，不知道打没打中。第二个更让人惊讶，不论燃烧弹打中什么，目标都会起火燃烧。我对一辆卡车打了个一秒钟的点射，卡车中了大约 120 发子弹，猛然间像圣诞树一样烧了起来。这种子弹的效果就是熊熊的火焰，真是致命的美丽。这是我们用过的子弹里最好的一种，只消一个点射就能击毁目标。

最后终于轮到我当空地管制员了。我没想到以后两个星期都得在坦克里面过日子。装甲师为了得到近距离空中支援，必须有飞行员乘坐坦克或者半履带车伴随行动。别的人没有在 10000 到 15000 英尺的高空向下观察的经验，所以无法引导飞行员飞向目标。地面的视线非常有限，向同一个地方观察的效果也和空中观察的效果完全不一样。在飞行员看来，让他们去轰炸红顶谷仓里隐藏着的反坦克炮真是可笑极了，因为从空中看起来红屋顶不知道有多少个。地面人员不熟悉飞行员的行话，在无线电里说"普通话"又显得太啰唆。更受限制的是我们的无线电只有 4 个频道。把飞行员塞进坦克里同时解决了这两个问题。地面上的飞行员可以用空中角度观察地面，先用明显的地标给中队标明方位，然后用飞行员的眼光把飞机引导到该轰炸的谷仓。而且，同一个中队的队友可以认出管制员的声音，三言两语就可以说明目标，不用长时间占用无线电频道。另一个优点是飞行员可以分析、决定目标是不是可以空袭，然后向地面部队的指挥官提出建议，说明空袭的可行方法①。

1945 年 1 月 28 日第 391 中队的吉姆·平克顿（Jim Pinkerton）和我前往荷兰马斯特里赫特的一座学校，向第 9 战术空军司令部报到。我们在走廊里遇上了第 9 战术空军司令部司令奎萨达将军，他问我们是刚来的，还是已经完成了任务准备归队，我们说是新来的，他祝我们好运，还说迄今为止还没有飞行员伤亡。我听了这话并没觉得安心，因为早晚会有第一个的。

1986 年 9 月我们大队在得克萨斯州圣安东尼奥聚会的时候，我又遇上了奎萨达将军。我对他说，"我回来了"，然后跟他提起我们上一次会面，我们

---

① 休斯（Hughes），《过载》84~183 页，介绍了这种方法的原理和使用情况。

坐下来愉快地交谈起来。那一年他82岁，仍然生气勃勃，反应很快。他问我是不是喜欢当空地管制员，没待我回答，又说道："我敢打赌，你不喜欢。"在他询问过的飞行员里，只有少数几位觉得这个活计还蛮不错。他记得其中一位之所以喜欢，是他有机会用半履带车上的高射机枪扫射 Me 109。跟这位了不起的飞行员交谈真是荣幸之至。

我们被分配到第5装甲师的作战指挥所 A（CCA），当时在德国亚琛以南的纽多夫。我们俩得有一个在指挥所里工作，另一个在坦克里。我掷硬币输了，只好去住坦克。第二天我参加了步兵和装甲部队攻占埃尔赫希德镇的作战计划简会，这个镇在齐格菲防线的克斯特尼希-孔岑地区，就在鲁尔河水坝的上游。晚上我们前往拉默斯多夫附近的进攻出发点。地面上覆盖着两英尺厚的雪，夜里冷得要命。气象员报告说，明天还有可能下雪。

午夜时分，第1坦克连在一座房屋废墟里停下，在这里设立前进指挥所。天气十分晴朗，夜空明亮，我们可以看清半英里外白雪覆盖的景物。我听见远处有机枪正在短暂交火，有美国机枪时断时续的嗒嗒声，还有德国机枪爆豆一般的快速射击声。现在没有什么事可做，我蜷缩在屋里的沙发上，抓紧时间睡几个小时。早晨醒来的时候我才发现夜里睡在三颗德国手榴弹上，就是人们常说的那种"马铃薯捣碎机"。我赶紧跑开，碰都没敢碰手榴弹。

5：30时开始5分钟的炮火准备，我们听见炮弹嘘嘘叫着飞过头顶。炮击时间之所以这么短，是因为炮兵要节省炮弹，留着用在下一次重大战役：跨过鲁尔河的战斗中。炮击刚一结束，第78步兵师就发起猛攻。工兵紧跟着步兵，清理反坦克雷场，让装甲部队投入攻击。深及膝盖的雪层妨碍运动，装甲部队的进攻因而推迟了45分钟。我带着装备钻进坦克的时候，看见攻击队伍里还有两辆英国的丘吉尔式喷火坦克，他们管这种坦克叫"鳄鱼"，坦克背后拖着油料车，样子真是难看极了。9点左右支援步兵的坦克开始前进，我们在后面不远处跟进。大雪又开始了，云层很低。我当时想，这样的天气不利于空中支援。

我暂时栖身的是辆 M4"谢尔曼"坦克，安装了75毫米炮。我坐在驾驶员的右侧，负责操纵点 30 口径的前射机枪。舱口盖上有潜望镜，可以转来转去；但是被冻上了，不能转动，左推右转都没有效果。这时候我只能这么办：坐在冻结的潜望镜下面，什么也看不着，要么就打开舱盖，在大雪里面观察。我打开了舱盖。

我观看驾驶员灵巧地拨动操纵杆，让他给我讲授了一堂坦克驾驶速成培训课。坦克不停地在雪地上打滑，有时候还跌进雪坑里，驾驶员时而加大油门猛冲，时而轻巧地移动车身，跟在步兵后面，他们正在雪中跋涉。在无线电里倾听坦克指挥官在战场上的对话很有意思。从我们目前的位置几乎什么也看不见，只有迎面而来的射击才表明我们正在进攻。有一次我们停下来，指挥坦克的上尉跟步兵商量着什么，我爬到坦克顶上，想找个地标确定方位。德国人的炮弹稀稀拉拉地落在我们周围。又一发炮弹打过来，落在 100 码以外爆炸，我赶紧钻进坦克，关上舱盖。坦克手们都站在车外，这时候大笑起来。下一发炮弹稍近了一些，第三发更近。还没等第四发炮弹落地，他们全都跑回到坦克里。那发炮弹在我们身后的房子里爆炸了。

上午 10 点左右的时候，一个小队的 P-47 在我们头顶盘旋。我打开无线电台，发现这是我们大队的第 389 "邋遢"中队，他们在跟后方地域的空地管制员谈话，想了解目标的情况，我只能听清只言片语。他们的高度只有 1000 英尺，在纷飞的大雪里时隐时现。坦克的天线短，高度又这么低，他们直接从上空掠过的时候我才能跟他们正常对话。过了一会儿我听见他们说返回机场。天气实在太坏了，他们观察大雪覆盖的地面，无法确定自己的确切位置。但是他们尽了力。

空中的飞行员可以俯瞰整个战场，但是到了地面只能观察到周围的情况。后来我听说有三个中队支援进攻，其中两个由于天气原因没有插得上手。第 391 中队在烟雾的指示下轰炸了战线东端的公路桥。从我的位置不但看不见头顶上的飞机，连发动机的声音也听不见。这真是一次难忘的经历。

当天下午晚些时候，坦克的无线电里一片鼓噪，说是有一帮德国兵投降了。过了一会儿我看见他们被押了回来，其中一个没穿外裤——只穿着长衬裤。我打听怎么回事，坦克手们说，大概是这家伙被俘的时候穿着美军的制服裤子，他们把裤子剪掉了。其他几个俘虏面带愁色———个人的手明显冻伤了，几个年老的看上去形容枯槁，筋疲力尽。我痛恨纳粹分子，但是看见他们这个样子心里也很是难过①。

部队在黄昏以前肃清了埃尔赫希德镇，夜里把巡逻队派到鲁尔河边上。水坝上游的鲁尔镇已经在我们手里。俘虏 230 人，其中有两名是穿着德军制服的妇女。我们又从镇里出来，回到一栋废弃的房子里过夜。夜里我回想着白天发生的事，心想我接受过飞行训练之后，又在这个仲冬时分跟一群坦克手同住在一个德国小村子里，这种境遇是多么的不协调。白天的活动把我累得够呛，虽然现在冷得要命，我还是在这间德国屋子的地板上沉沉睡去。

这场小规模战斗就在深雪、严寒和刺骨的狂风中结束了。第 5 装甲师第 34 装甲营的连长理查德·比德曼（Richard Biederman）上尉负责支援这次进攻，在我的请求下讲述了几个战斗故事，可以看出战场上反复无常的变化，还有战士们所处的极为严酷的战斗条件。

拿下埃尔赫希德以后，我们就从镇里穿过去，占领镇子边上的高地。高地上有个小棚子，是卫生兵建立的急救站。我走到棚子边上的时候，他们正把一位第 46 步兵团的士兵抬进棚子里，这个人以前跟我们共事过。他的胸部中了弹片，打穿了作战服。卫生兵剪开他的衣服寻找伤口。如果你还记得，现在天特别冷，这位伙计为了取暖，把能找着的衣服全穿在身上。卫生兵剪开作战服，发现里面还有一件，再下面还有几件绒衣什么的。等他们剪到衬衣的时候，发现弹片穿透到这里，冲击力之大把他打昏了，但是身上的衣服保住了他的命。

回到营地以后，师部要我过去汇报情况。我记不清当时主持报告会的人是谁，好像是第 5 装甲师师长伦斯福德·E. 奥利弗（Lunsford E. Oliver）少将。我只记得，像我这样级别最低的军官居然被将军单独点名，要我确定前线的空中支援是不是可以实施。我当时结结巴巴地说，"是，长官，天气允许"，长官哼了一声作为回答。我在会上听说，第 5 装甲师将作为先锋部队跨过鲁尔河。盟军计划于 1945 年 2 月 8 日从加拿大部队的地域向北发动进攻，

①　这次小型战役的精彩描述参见维克多·希勒里（Victor Hillery）《装甲之路，第 5 装甲师战史》（亚特兰大：阿尔伯特-洛伊企业，1950 年）第 219 页。查尔斯·B. 麦克唐纳《最后的攻势，第二次世界大战中的美国陆军》（华盛顿特区：政府印务局，1972），72~73 页也有篇幅稍短的叙述。

第 5 装甲师也是进攻部队之一。该师于 2 月 12 日出动,在林尼希镇附近依靠强攻渡过鲁尔河。步兵和工兵乘船过河的时候,坦克炮提供火力支援。工兵随后搭起便桥,让增援的步兵过河扩大桥头堡。然后工兵又在河上修建重型桥梁,这样坦克也能过河。一开始巩固桥头堡的时候,他们让我临时指挥坦克跨过鲁尔河,这样方便引导空中支援。建立桥头堡的时候,空中支援和远程炮火执行遮断任务。

第二天夜里,我们从扎营的地方出发,向北行进 30 英里来到德国贝斯维勒尔镇,这里是攻击的出发点,但是我们还没有进入阵地,进攻就推迟了。德国人破坏了施瓦梅瑙尔水坝的闸门,激流沿着鲁尔镇汹涌而下,所到之处全被淹没。这个水坝就在埃尔赫希德下游不远处,几天以前我们就越过了埃尔赫希德镇。攻击目标转向水坝,破坏水闸的德国人全跑了。现在河水涨得很高,强行渡过鲁尔河已经不可能。进攻暂时停了下来,等待水位下降,估计需要两个星期。

我跟着第 5 装甲师在一个德国小镇里安营扎寨,无所事事地混过剩下的日子。我们把一些时间消磨在参观当地的煤矿上,在那里洗澡,收拾个人卫生。老天,把穿了一个星期的脏衣服脱下来,站在热水连蓬头底下洗个热水澡,简直美得没法说。我天生好奇,忍不住跑到齐格菲防线上,在那些纵横交错的地堡和碉堡里钻来钻去。我在探险的时候茫然不知地走进一片还没清理的雷区,穿过雷区之后我才看见警告牌,警告牌面朝着大路。竖牌子的工兵万万没有想到,以后居然会有个好奇心过强的老憨飞行员傻乎乎地从齐格菲防线的正面步行穿过这片雷区。这一天我的守护天使真的跟我在一起,保护着我。

2 月 14 日我返回 Y-29 机场,马蒂少校立即把我叫到办公室,通知我说,由于我知道强渡鲁尔河的作战方案,进攻开始之前我不能参加飞行任务。

最近我收到一份报告,题为《与敌人作战之后的信函报告——1945 年 3 月,第 5 装甲师师部。由战斗轰炸机飞行员担任前进管制员》①。报告里简单地提到,一位飞行员担任空地管制员只有两个星期。这两个星期还不够这位

---

① 　第 5 装甲师《对敌作战之后的信函报告》,可以在国家档案查阅。

飞行员适应新的职责和工作环境。然后，当飞行员适应了以后，别人又来换岗了。飞行员快速轮换降低了空地管制员的工作效果。

我读完这篇报告，心里满是愧疚，因为我没能在任期内完成强渡鲁尔河的任务。坦克连上尉曾经劝我说，让我留下来赖着不走，因为"强渡鲁尔河的时候场面肯定相当精彩"，但是我有礼貌地谢绝了。我可不想坐在什么钢铁怪兽里逃避战斗。现在我回想起来，我让他们失望了。我真应该留下来跟他们一起作战。

这篇报告的备注：

过去 8 个月里有一项规定大有习惯成自然的趋势，那就是派遣战斗轰炸机飞行员坐在坦克里使用甚高频无线电台，每隔 10 天轮换一次。这种方法对保持空地协同的效果并没有多少好处。新来的飞行员需要几天时间熟悉周围的地貌，还要熟悉新的工作。等他觉得新工作有点把握的时候，也没有几天时间了，因为轮换的时间也要到了，而轮换经常发生在战斗进行的时候，飞行员不得不返回航空部队。而且，由于归队的飞行员跟地面部队一起共过事，多少了解点作战计划，所以返回机场以后又隔离几天。

备注还指出，一个装甲师需要 6 名飞行员担任空中管制员，两人一组分配到装甲师的三个作战指挥所。一名飞行员留在作战指挥所，另一名则派遣到前敌指挥所。这篇报告认为，派遣如此之多的飞行员有点不切实际，应当设置专门的空中管制军官，接受空中和地面的联合训练以后派遣到装甲部队。报告建议，如果没有可能设置专业军官，派遣到装甲部队的现役飞行员应当长时间工作，两三个月更好一些。

他们对飞行员快速轮换提出批评当然是可以理解的。就我来说，从前线返回机场更是件乐事，但是没能直接指挥空中攻击也真让人遗憾。我要是一直跟地面部队在一起，这个愿望肯定会实现的。

日子慢慢挨到 3 月 2 日，我才有机会参加作战飞行，测试各种飞机。我利用这个机会飞遍了荷兰、比利时和卢森堡的大部分地区，好几次嗡嗡叫着从老家奥尔德海姆上空飞过。我甚至还争取了一两天时间去看望亲戚们。

我去前线的时候，大队忙着切断铁路线，执行武装侦察任务，活动范围从鲁尔一直到莱茵河畔的科隆。由于作战地域偏向北方，我们大队转隶于理查德·E. 纽金特（Richard E. Nugent）少将指挥的第 29 战术空军司令部，支援威廉·H. 辛普森中将的第 9 集团军，该集团军隶属于陆军元帅伯纳德·L. 蒙哥马利（Bernard L. Montgomery）指挥的第 21 集团军群。

我被迫留在地面那几天，只能看着伙伴们出去执行任务，要不就坐在情报简会上听听大伙的发言，听见飞行员们抱怨说，有几次任务只是炸断了几条铁路线。我想起来，我们每次执行任务回来都是这样埋怨的。我们不喜欢炸断铁路，因为看不出什么战果。我们不喜欢许特根森林里的任务，那时候高射炮多、能见度低。我们喜欢的任务只是搜索、扫射德国的装甲部队，跟德国飞机空战，愿意观赏我们轰炸扫射的战果，就像上回我们在勃兰登堡截住德国部队那样。想到这里，我想我们这伙人现在不大像军人，简直成了平民百姓，干什么都埋怨这抱怨那，但是工作倒是完成了。

耽搁了两个星期以后，强渡鲁尔河的行动终于开始了，代号叫作"手榴弹"，2 月 23 日发起进攻。地面部队发起进攻前一天，第 9 航空队对"手榴弹"攻击地域后方的德国运输线实施了大规模的空中遮断。这次空中攻击的代号叫作"号角"行动。从英国到意大利的整个盟军空军都参加了这次行动，斯帕兹将军派出的战斗机、战斗轰炸机、轻型轰炸机和中型轰炸机有 7000 架之多，同时攻击上百个城镇、村庄的火车站和通信站，目的是展示德国的败象，让德国人民了解战败的事实。这次行动还有一个实际效果，周围的地域也遭到攻击，孤立了战场，让强渡鲁尔河的战斗更加精彩①。

作战命令规定我们全力出击，各中队每次执行任务都要把 16 架飞机全部派出去。中队还要为中型轰炸机大队护航，从工业城市哈姆拉东面的铁路桥开始。然后就去俯冲轰炸、扫射轰炸机攻击过的目标，如果轰炸机已经把目标炸毁，就去攻击当地剩下的铁路桥。命令提到，"轰炸机要在一定高度上轰炸目标以保证精确投炸，也要保证高度足以有效的扫射。轰炸机接近目标的时候，战斗机飞到稍前一点的位置，如果有高射炮阵地对着轰炸机开火，

① 肯·C. 腊斯特（Kenn C. Rust），第二次世界大战期间的第 9 航空队（加利福尼亚州弗布鲁克：航空出版社，1967 年）53~148 页，描写第 9 航空队在"号角"行动中的作战情况。

就去扫射高射炮"。这样的护航真是不一般，轰炸机在低空飞行，我们得携带炸弹飞在前面，扫射高射炮阵地。如果大队遭到敌机攻击，一时半会不会有很多战斗轰炸机投弃炸弹和副油箱，转向拦截德国飞机。听了这样的要求，我对没能参加这次任务感到失望。

这次任务派出去54架飞机，一路上没遇上什么事。他们跟轰炸机准时汇合，按计划执行护航任务。在低空为轰炸机护航很少见，而且轰炸以后他们还要降低高度，向地面上开火的大炮扫射。列入目标的5座桥梁中，一座被炸塌，另一座也可能炸毁，另外两座受创，只有一座完整无损。桥梁上的铁轨被炸成几段。贝库姆调车场上停放着至少50节车皮也遭到俯冲轰炸和扫射，6节被毁，可能另外8节也受到破坏。

第二次任务出动了35架飞机，在杜塞尔多夫到波恩之间的地区实施武装侦察。他们摧毁了好几辆铁道车辆，有5节油罐车，都被打得起火燃烧，还有几节载着坦克的平板车，然后顺手用机枪打坏了几个火车头。第29战术空军司令部的雷达管制员罗塞莉紧急召唤第391中队，说有15~20架Me 262喷气式飞机正在轰炸美军，要他们前去拦截。第391中队俯冲到很近的距离射击德国喷气式飞机。戴维·B. 福克斯（David B. Fox）击落一架Me 262。美国的高射炮手被德国飞机炸得晕头转向，对着第391中队猛烈开火，把他们当成了德国人。好在炮手们手艺不精，第391中队的飞机全都穿过火网，毫发未伤。

接下来几天的任务阻碍了德国人的交通，德军未能及时接近盟军在鲁尔河上建立的桥头堡。2月23日执行了15次任务，24日执行了13次。再下一个星期还是老样子。我的新飞机遭了灾，2月28日坠毁。那天我刚好借了查克·本内特的照相机，地勤人员在两次任务期间收拾飞机的时候给它拍了几张照片。克劳德·霍尔特曼（Claude Halterman）中尉驾驶这架飞机执行任务，结果一去不返。记录显示高射炮弹直接命中，克劳德没能跳伞，飞机坠落在格雷文-布罗伊希东北2.5英里的地方，科隆东北方向大约20英里。克劳德是我10月份休假以来失去的第4名伙伴。一两天以后他们又给了我一架崭新的P-47（B2-J3号），但是这次我没有在整流罩上涂刷模特像，这架根本就不是原来那一架。

　　我从前线回到机场的时候，好像每个人都骑上了摩托车，各种各样的摩托车跑来跑去，有哈雷戴维森这样的大家伙，也有个头小一些的，只能称得上助力自行车。直到现在我也没弄明白，它们到底是从哪儿来的。我看好了一辆英国的单缸摩托车，把它据为己有，练习几天以后就能随心所欲地骑着它了。中队有一条活泼可爱的长毛垂耳狗，名叫"透博"（涡轮），是根据P-47 上的涡轮增压器起的名，深受人们喜爱，是中队的吉祥物。这条狗原是马蒂·马丁的，但是整个中队都是它的地盘，一到晚上就到各个帐篷里巡视一番，哪个帐篷有好吃的就在哪里过夜。透博还喜欢坐在摩托车上兜风。摩托车一启动，它就表示要骑上去，一听见"好啊透博，上车吧"，就蹦到车上，在油箱上坐稳。我有几次载着它在机场周围转悠。战争结束以后，马蒂带着透博回国，它在马丁家里住了好些年，一次在乡村小道上遛弯的时候不见了。

　　现在我们都觉得车技娴熟，一天晚上我们 5 个人骑着三辆车前去哈瑟尔特镇。这时候我们已经跟哈瑟尔特的几个女孩混得挺熟，可以把车停放在她们家的院子里，然后我们就进了餐馆。晚上 10 点半左右我们都喝得乐陶陶的，启动摩托车回机场。我忘了当时是什么原因，我们想换着开别人的车，结果我骑上了那辆美国产的哈雷戴维森。英国摩托车的离合器在右边，刹车在左边；哈雷正好相反，离合器在左边，刹车在右边。因为只有哈雷的车灯还好用，我就在前边打头，就这么上了路。

　　我们来到阿尔伯特运河上临时搭建的桥边，一切都很正常。原来的桥早被炸塌了。我当时不知道的是，桥的那一头有一条电车轨道，顺着桥过来的时候在桥的左边，但是快到桥头的时候又挪到了右边。我们开到桥边，我看见电车的车灯从左面靠近，突然间电车转向右面，横在道路上。我赶紧刹车，但是踩错了踏板，我想顺着电车的右边躲过去，结果被夹在车厢和桥栏之间，这下我们全撞在一起。跟我换车的那位伙伴也是左右颠倒，他想躲开地上翻倒的摩托车，结果直冲到我们中间。这时候电车也停下了。

　　我们没有人受伤，真是谢天谢地。我用弗兰德语向电车司机大声说，我们都没有事，让他照常行驶，于是他开着车走了。我们几个从地上爬起来，发现没有什么大事，只有哈雷摩托车的车把坏了，弯了 15 度。我们接着开车，最后安全回到机场。第二天酒醒了以后，我才认识到当时的形势有多危险，我们弄不好不死也得重伤。从那以后我再也没有骑过摩托车。

1945 年 3 月 2 日，耽搁了一个月以后，我又重新开始战斗飞行。从记录来看，那段时间没有什么结果。那天我执行的第二次任务是轰炸莱茵河上的驳船。后几次任务都是冲着莱茵河上的运输去的，要不就是阻挠、破坏鲁尔工业谷地，也就是高射炮谷里来来往往的列车。

有一个遭受猛烈轰炸的铁路调车场，里面还有很多可以使用的铁路车厢，停放在铁轨上，周围满是弹坑。有情报说德国人把铁路车厢当成物资仓库。重型、中型轰炸机无法实施地毯式轰炸，所以这项任务落到了我们头上。计划 3 月 3 日轰炸哈姆的这个调车场。我们俯冲轰炸车场里的车厢，高射炮火软弱无力，我们接着又像训练那样，从容不迫地扫射。扫射的时候我们看见外国劳工的营房，也可能是战俘营，我们从营房上空飞过的时候他们都涌到外面来向空中招手。我们摇晃机翼作为回答，这下他们更是欢呼雀跃，然后我们接着轰炸调车场。晚上回到机场以后，我们在谈话中都显得心情沉重；我们当时离他们那么近，向他们摇动机翼，而现在又离得这么远。这件事让我们意识到，我们自己也不太保险，随时都有可能住进战俘营里去。

德国飞机夜里仍然很活跃，老想轰炸我们的机场，所以我们老是遭到空袭，操纵高射炮的那帮家伙说击落了几架夜间飞行的敌机。3 月 3 日轮到我担任机场的夜间值班军官（AO）。这项工作只不过是日常值勤，而且非常无聊。唯一值得一提的活动，是快到午夜的时候我们在电台里收到明天的任务通报，后来又收到最新的气象报告和轰炸分界线的情况。我是大队的机场值班军官，把文件分类以后转发给中队的机场值班军官。我还要跟当地的宪兵（MP）分队和驻扎在机场上的其他部队保持联系。

到了夜里，驻守在机场周围的高射炮营发来警报，说德国的夜航飞机在周围转悠，我们有可能遭到空袭。发出了几次空袭警报，我负责拉响空袭警笛。高射炮手几次打开十字形的跟踪瞄准具。23 点左右，一阵猛烈的阻拦炮火结束之后，当地宪兵打来电话通知我，他们说，他们刚刚抓住了一个跳伞着陆的英国飞行员，问我们怎么处理他。我告诉他们，把那个人带到大队指挥部来，我们再决定下一步的行动。我有些担心，是不是德国人又想派人到我们这边捣乱。

宪兵和那个一看就是英国人的飞行员来了以后，我的担心消失了。我那时候 21 岁，而这个飞行员还是个 18 岁的孩子，一副担惊受怕的样子。好在他没有受伤，我让他坐下，不要紧张，谈话的时候喝杯咖啡（我没有茶）。他是一架"威灵顿"轰炸机的机组人员，夜间执行遮断任务。德国的夜间战斗机追赶他们，他们躲避的时候迷了航，被我们的高射炮击落。飞机上有 5 个人，他不知道那些人的下落。我通知宪兵分队，看看有没有幸存的机组人员，然后又给战术空军司令部打电话，说我们的高射炮击落了一架英国的"威灵顿"轰炸机，有一位机组人员还活着，在我们这里。他们确认收到情报，说他们会去联系相关单位。然后我把这名飞行员转交给机场的红十字会分队，他们给他安排了临时住处，还有吃的。

3 点左右，战术空军司令部的两位陆军上校来到机场，调查这件事。我已经把同伴交给了红十字会，他们说先去四周察看一下。早晨我把夜里发生的事报告大队的作战军官佩里·腊斯比（Perry Lusby）少校，提醒他说，机场还有两位陆军上校。他听了以后说了声谢谢，这件事对我来说就到此结束了。由于本书的几条备注需要研究材料验证，我联系了家住亨克的老朋友卢西恩·博热（Lucien Bogers），他向我讲述了这件事的一些情况。下面内容是从他的信里摘录的，我把原文译成了英语：

3 月 3 日（也可能是 4 日）夜里 10 点左右，一架皇家空军的轰炸机在执行任务期间受伤，返航时被他们 Y–29 机场的高射炮击落。坠落在斯坦伦街后面的亨克–瓦特希耶地区，这条街上有几个咖啡馆和舞厅，靠近瓦特希耶煤矿。我看见几个人安全跳伞，但是有三个人被杀。消防车迅速赶到现场，把遗体送到瑟丹道。

最近我还收到霍默尔·耶克尔（Homer Yeakle）的信件，他那时候就在第 792 高射炮营，信里提到这件事。他在信中说，我们大队长听说击落"威灵顿"轰炸机之后大发雷霆，命令把这个高射炮营调到别处去。这个营跟旁边 Y–32 机场的守卫营交换了位置，当时 Y–32 机场已经划入美军的作战地域。

盟军掌握着全面的空中优势，我们很少遇见德国飞机，1 月 1 日德国人撤退的时候遭到惨重损失，德国飞机就更少见了，然而偶尔也会突然出现。3月1日第389中队的8架飞机执行任务的时候就发生了这种情况。他们从俯冲轰炸航路上拉起的时候，遭到一群FW 190战斗机的攻击，一眨眼的工夫就有4架P-47被击落，另外几架重创；几名飞行员受了伤。一架受伤的飞机飞回战线的美国一侧，飞行员安全跳伞。逃命而回的飞行员说，只击落了一架FW 190，但是德国的记录显示，那天他们损失了三名飞行员。

一个星期以后的3月9日，一队Me 109和FW 190战斗机攻击了第391中队，他们正在韦瑟尔附近轰炸莱茵河上的一座桥，这座桥已经严重破坏，是莱茵河西岸仍在奋勇战斗的德军身后唯一的撤退路线。两架P-47被击落，几架严重受伤。中队声称有6架FW 190被击落，而德国的记录说只损失了3架飞机，飞行员阵亡。

8天里，第366大队在空战中损失了7架飞机，还有4名飞行员丧生，另外两人当了俘虏。阵亡的飞行员是第389中队的威廉·麦考利（William McCauley）中尉、史蒂夫·皮兹（Steve Pease）中尉和埃德·当斯（Ed Downs）中尉，还有第391中队的比尔·迪富德（Bill Dufford）中尉。被俘的是第389中队的佩里·凯勒（Perry Kaylor）中尉和第391中队的贝内特·富勒（Bennett Fuller）中尉。这批战果累累的德国战斗机来自声名显赫的部队——第26战斗机联队，该联队从战争开始以来就一直驻扎在西线，人称"阿布维尔青年"①。虽然第26战斗机联队的名声只是从1943年才显赫起来，但是还有很多经验丰富的老牌飞行员，搞点突然袭击往往顺利得手。我们都提高了警惕，大睁着两眼观察尾后和头顶的太阳。

3月11日，我们为一个大队的马丁B-26中型轰炸机护航，轰炸鲁尔河谷的北部。德国的喷气式飞机现在非常活跃，攻击中型轰炸机是他们的拿手好戏，几次破坏轰炸机的队形。我们在德国边境上空与轰炸机汇合，护送他们轰炸补给仓库，在13500英尺的高空投弹，然后再护送他们返航。我们在上方掩护轰炸机，所以爬升到18000英尺，希望从极高的地方俯冲下来，速

---

① 唐纳德·L. 考德威尔（Donald L. Caldwell），《第26战斗机联队：德国空军的精锐之师》（纽约：巴兰坦书店，1993年），13~340页。

度能追得上喷气式飞机。我们都想跟喷气式飞机见个高下，希望它们慢点飞，然而它们根本不理会这一套。整个任务无聊极了。我在整个战争期间，只有这次作战任务爬升到这么高的高度。

第 7 战斗机联队的 Me 262 喷气式战斗机大队，由击落 200 架敌机的王牌战斗机飞行员提奥·魏森贝格尔（Theo Weissenberger）少校指挥，这支精锐部队驻扎在奥斯纳布里克，距离轰炸目标 60 英里。当时他们用德国的高速公路当作机场，大队里有最好的战斗机飞行员，在几次战斗中都占了美国空军的上风。阿道夫·加兰德（Adolph Galland）也辞去战斗机总监的职务，组建了一支 Me 262 部队，第 44 战斗机联队。这两支部队都是典型的杯水车薪，面对数量上占据绝对优势的盟军飞机，没有对战局产生多大影响。

3 月 12 日我们执行任务的时候，危险的低空飞行差点要了我的命。我们看见一列火车风驰电掣般地沿着轨道行驶，就在我们昨天执行护航任务的同一个地域。大白天的开得这么快，弄不好车上载着什么急需的重要物资，车上说不定还有几门高射炮车。中队长仔细叮嘱了一番，然后我们就开始攻击。

我们俯冲到 1000 英尺以下，距离火车 5 英里，松散地排成一线向火车接近。飞过一座不大不小的山丘，下降高度继续前进，我们看见火车出现在正前方，我正对着车头瞄准，瞄准具设置完毕，我把镜筒对准机车，火车正沿着轨道飞跑，心想是不是留点提前量，后来一想有没有提前量都无所谓，所以打消了这个念头。进入射程以后我对着火车头打了个点射，弹着点落在驾驶室和煤水车上。拉起之前又开了一次火，这时候我发现高度低得有点危险了。我只顾着射击火车，别的都丢在脑后，现在眼看就要撞在山上。拉起的时候左翼已经擦着灌木，也可能是几棵小树。

小队回到高空与中队汇合，列车拖挂的高射炮车对着我们猛射击，一架飞机严重受损。我们回头看见机车已经不再喷吐蒸汽，但是不知道攻击效果如何。我心里埋怨自己接近列车的时候没有仔细瞄准，好好地对着锅炉开一顿火。这是我第二次体会什么是"飞行员集中注意力攻击目标"，好在两次我都死里逃生。有些飞行员莫明其妙地撞地身亡，可能就是这个原因。

大队里来了一位波兰飞行员，马里恩·切斯拉沃·格鲁钦斯基（Marion Cheslaw Glowczynski），我们叫他"切兹"，短时间跟我们在一起飞行，学习对地支援。他曾经为波兰、法国和英国战斗过，被击落过几次，两手严重烧伤。格鲁钦斯基的战斗飞行时间可能有 1000 多小时，真是老资格的飞行员①。一次红色小队出去执行任务，他驾驶红色 2 号。4 架飞机对鲁尔河谷里的一个目标扫射了几轮，高射炮火十分猛烈。他们在俯冲过程中减速太多，需要 1 分钟时间才能爬升到安全高度，于是他们贴着地面继续飞行，不想在高射炮谷地正当中爬高，沐浴在漫天的高射炮里，低空更安全一点，等离开鲁尔河谷以后再回到高空。我们引导他们离开这个危险的地方。

无线电里的谈话声很少。突然我们听见红色长机说道："看前面，有高压线。"过了一会他又重复了一遍，"你飞过去了吗?"红色 3 号问道，"是!"几分钟以后他们飞出鲁尔河谷，这下可以爬高了，不用担心雨点一样的高射炮火。红色小队编队返航接近机场的时候，长机提醒大伙："离红色 3 号远一点，他身后拖着很长一段电缆。"我们都清楚地看见电缆在飞机后面飘荡。

红色 3 号安全着陆，他把事情经过告诉了我们。他听见红色长机提醒前面有高压线，又看着长机升高高度，从高压线上面飞过去。然后他又看见切兹从高压线底下钻过。他正琢磨从上面还是从下面通过的时候，他飞进了高压线里，穿过几道高压线的时候甚至连震动也没感觉到。后来他就滑稽地拖着高压线飞来飞去，好在当时撞上的时候没出什么事。

3 月中旬点 50 口径的子弹所剩无几。上头让我们节省弹药，只能扫射"值得扫射的目标"。命令没有规定哪些目标值得扫射，让我们自己判断。没过多久，我们在 12000 英尺的空中看见一位摩托车兵沿着高速公路飞快地行驶。从这个高度很容易发现他，白色混凝土路面映衬着一个快速移动的小黑点。既然我们没有收到命令去攻击他，我以为他就是不值得扫射的目标。摩托车兵继续沿着道路在高射炮谷中间飞驰，我们都没觉得惋惜。后来我们笑着承认这个摩托车兵实在有胆，头顶上一个中队的战斗机对他虎视眈眈，他居然满不在乎地赶自己的路。实际上，我们向他飞过去的时候，他肯定可以

---

① 乔恩·A. 格特曼（Jon A. Guttman）《航空怪人》，航空史（1999 年 11 月）：16~24 页，叙述了格鲁钦斯基中尉在法国战役期间的趣事，当时他驾驶的是法国高德隆 CR714 型飞机。

离开路面，找个什么地方躲藏起来。

马蒂回国休假 30 天，由副大队长洛厄尔·B. 史密斯（Lowell B. Smith）上尉指挥第 390 中队。我们听说，马蒂已经晋升中校，又回到第 29 战术空军司令部。不久以后斯米梯也晋升少校，担任第 390 中队的中队长。

查克·本内特和两个伙伴借了辆吉普车，去搜罗纪念品。晚上回来的时候不但纪念品装满了吉普车，还带回来一套故事讲给我们听。几天以前我们占领了莱茵河畔雷马根市的鲁登道夫大桥，德国人曾经在这里拼死冲杀，想除掉莱茵河东岸的美军桥头堡。查克和伙伴们运气真好，居然摸索着跨过大桥，桥身已经被炸得支离破碎。他们用飞行装备交换了几支卢格手枪和瓦尔特 P–38 型手枪，最后吉普车里满是德国的武器装备。回来的时候桥身一直在晃动，吉普车驶过之处摇摆得厉害，周围不时有炮弹落下。他们只好返回来，向着雷马根大桥下游走了几百码，工兵在这架设了一座浮桥，是那种很宽的双车辙桥，供重型车辆使用。吉普车上了桥，把一侧车轮压在浮桥的内侧车辙上，提心吊胆地慢慢驶过莱茵河回家。查克给了我一支自动手枪，就是德国人说的那种驳壳枪，还有一些战利品，我都寄回家里。

3 月 18 日雷·肯尼迪（Ray Kennedy）和我去英国的绍斯波特休假 5 天。回来的时候我们去伯顿伍德，把两架新的 P–47 捎回我们机场。休假期间的住所是海边的皇宫酒店，里面住着 500 名飞行员，他们玩的花样可真不少，可也吵闹得厉害。我上一次在牛津休假的时候比这要好得多。我喜欢在宽敞的桑迪海滩上散步，一天退潮的时候我往海里走了差不多 1 英里。涨潮的时候我尽全力往回跑，海水就在后面追着我。回到岸上当地的英国人摇着手劝我说，退潮的时候在海滩上散步很危险，海难上有很多水坑，弄不好就会陷在里面。

雷和我去伯顿伍德接收了新的 P–47，天气预报说可以直接飞到法国克里尔的 A–81 航渡中继机场，这个机场就在巴黎北面。气象军官告诉我们，海峡中间有一个锋面，建议我们在 15000 英尺的高度穿过去。他估计我们用 10 分钟左右的仪表飞行就可以穿过锋面。我跟雷交换了意见，决定不听气象军官的，从锋面底下钻过去。

我们身上披挂着降落伞、飞行帽和氧气面罩，又花了点时间穿上充气式救生衣，这下坐在硬邦邦的凹背座椅里舒服了许多。我们打算在没有救生装备情况下飞越海峡。两个人约定，如果一个人出了点什么事，另一个就投下空的副油箱，给落水的人当浮筒。我们没有想到的是，海水现在几乎是零度，投什么也没有用。

我们轻松愉快地飞到伦敦西部，这时候天气开始变坏，云层压得我们越来越低；接近海峡的时候已经快到海面上了。估计飞过海峡得用 20 分钟。由于能见度很差，我们飞着飞着突然看见法国岸边的悬崖就在眼前。我们俩同时拉起，立即钻进了云层，谁也看不见谁。猛然拉起的时候雷的无线电接收机出了故障。我听见他一个劲地呼叫我，可就是听不见我的回答。

我一直向上爬升，在 12000 英尺的高度穿云而出。又过了 15 分钟，云层散开，我又降到 3000 英尺。现在的地面能见度有 5 英里。我没有带上那一厚摞小比例地图，只带了一张 1：1000000 的大比例飞行图，结果靠着地图上的几个地标无法确定现在的位置。好在运气不错，我居然碰上了一个马丁 B-26 型轰炸机大队的机场，我也不想再瞎摸乱撞地寻找方位，就在这里着了陆。大惑不解的机场值班军官招待了我，对我说这里是瓦兹河畔博蒙的 A-60 机场，我的飞行图上没有标明这个机场的位置，但是只要再飞 10 分钟我就可以到达目的地。我落地的时候雷高兴地祝贺我。我们俩就在 A-81 机场停留一宿，写报告，修理雷的无线电台，第二天才把飞机开到比利时，在我们的机场上降落。

现在回想起来，那次飞行真是愚蠢透顶。我们没有遵守安全飞行准则，居然还完成了任务。那时候我们年轻自负，坐在飞机里脑子不想别的。这次我全靠着侥幸才保住了小命，但是很多人都没有这么好的运气①。

回到机场以后，我听说 3 月 24 日查克·本内特被击落，着实吃了一惊。当时我们大队支援第 30 步兵师进攻莱茵河边的韦瑟尔。查克是第二个中队的领队长机，在莱茵河东面 10 英里的地方扫射的时候被高射炮击中。他驾着烈火熊熊的飞机往莱茵河对面美国占领的地区飞去，在那里跳伞，但是风又把

---

① 罗伯特·V. 布鲁尔《飞行员身边的天使》，航空经典杂志第 34 期第 6 号（1998年 6 月），用小说的手法描述守护天使眼中的飞行。

他吹了回来，掉进莱茵河中间，落点在桥梁以南一两英里的地方。几分钟以后来了一架美国联络机，在他上空盘旋，中队返航的时候看见几艘救援艇向下游开去。我们只得到一丁点儿消息，知道他伤得很重，已经住进了医院。我最后在一家英国医院里找到了他，他跳伞的时候一条腿撞在机尾上折断，弄不好要截肢。几个月以前一起休假的 6 个人里，现在只剩下我一个。那天我闷闷不乐地收拾好查克的东西，把它们寄回美国。我在中队里有几个好伙伴，查克跟我最好。万幸的是他总算保住了一条命。

查克后来跟我说，救援人员来得真及时。他当时一分钟也坚持不了了。他靠着充气救生衣浮在水面，但是 100 码宽的河水对他来说无异天堑。医院给他治疗了两年，终于保住了那条腿，他又可以飞行了。

以前我一直很想飞行，希望有机会击落几架德国飞机，但是我现在谨慎多了。很明显，战争就要结束，为什么要去冒不必要的险？从那以后到欧洲的战争结束之前，我只执行过 7 次任务。

德国人直到穷途末路还仍然顽强抵抗，用 V-2 导弹轰炸伦敦和安特卫普。在德国东北部晴朗的春天日子里，经常看见 V-2 画着曲线快速掠过荷兰北部的天空。我们有时候呆呆地想，说不定可以击落其中一两枚。我们一直不明白，德国人为什么不投降，不再搞这种杀人的把戏。看来他们是不撞南墙不回头了。

现在地面部队的推进速度很快，我们执行任务的时间也延长了，所以重新挂上了副油箱，多带点燃料。我们多带燃料不是为了增加航程，而是值得攻击的目标太少。有时候我们从一个攻击点移到另一个，来回寻找目标。我们经常轰炸树林，怀疑德国人是不是藏在里面，如果德国人在镇子里面抵抗，就过去轰炸一番。在那段时间里，我执行过一次时间最长的任务，在空中飞了 4 个小时。

4 月 5 日我们在防空炮火炽烈的鲁尔地区徒劳地寻找地面目标。燃油剩得不多了，命令我们去轰炸索斯特。这是个中等城市，德国人在这里坚强地防守，逐条街道地展开战斗。我们要去轰炸城区的几个地方，打消德国人的斗志。我发现整个城市几乎被皇家空军和美国第 8 航空队的空袭完全破坏。我们在高空投下炸弹，只要炸中德国人防守的城区就行。这回有机会清楚地看见高空高速水平投放的炸弹如何降落到地面。我观察炸弹一路往下落，生怕炸弹击中医院和急救站之类的目标，这类目标的屋顶上都画上了大幅的红十字。我观看炸弹落点的时候没有故意瞄准什么目标，直到炸弹爆炸也没有看见红十字。我报告说轰炸效果良好，但是心里对这种不分青红皂白的轰炸一直感到不安。

4 月 7 日发生的一件事，提醒我们现在还是残酷的战争时期。这次任务是掩护第 2 装甲师，但是没有发现目标，装甲师正在德国境内插进，没有遇到抵抗。于是一个中队被调走，轰炸备选目标，哈尔伯施塔特的铁路调车场。轰炸的时候沃尔特·巴纳德（Walter Barnard）中尉击中了一列弹药运输车，也可能是个弹药库，引发的巨大爆炸像火山喷发一样。沃尔特从轰炸航路上拉起，上升到 5000 英尺的时候弹药库爆炸，把他的飞机打伤，他只好跳伞。小队长在 11000 英尺的高空盘旋，也感觉到冲击。爆炸的气浪吹遍了半个镇子。

中队看见沃尔特安全落地，于是离开了现场。沃尔特 12 天以后才归队。他落地的时候毫发无伤，但是挂在树上，离地面 8 英尺，看见几个当地的农民拿着草叉气势汹汹地走过来。他赶紧掏出雪茄烟向农民晃了晃，然后尽量扔到远处。农民去抢雪茄的时候他赶快割断索具跳到地面，掉头就跑。他找了个地方躲藏了几天，直到美军开到这里。我们都听说过愤怒的德国平民杀死飞行员的事，这回算是亲眼见识了。虽然我不抽烟，我也随身带着一盒雪茄，必要的时候扔出去。沃尔特存了一瓶波旁威士忌酒，是想留着庆祝战争结束的。他失去联系的那几天，同一个帐篷的伙伴弗雷德·凯斯（Fred Keys）和唐·德韦克（Don DeWyke）把沃尔特的威士忌喝了，当时以为他肯定在战俘营里住着呢。现在酒没了，沃尔特很是失望，战争真的结束那天他又喝什么呢？

1945 年 4 月 14 日，我们从 Y-29 转场到 Y-94 机场，这个机场原是德国空军的，位于明斯特东北 5 英里的哈恩多夫。德国人 1936 年就修建了这个机场，三条交叉跑道，每条大概有 4500 英尺长。在长期的战争岁月里一直用作轰炸机机场，最后在突出部战役期间，供第 76 轰炸机联队的新式喷气轰炸机阿拉多（Ar）234 使用。现在落到了我们手里。我们把飞机开到新家，每架飞机都挂载了三个 150 加仑的空副油箱，为卡车节省空间。

工兵只修好了一条跑道的一侧，我们进驻的时候还在修补另一侧。这一来我们只好在狭窄的混凝土跑道上降落，另一侧就是几百名工兵，还有推土机、吊车和混凝土搅拌机，简直贴着身边。有几天，不论什么天气，我们都得在这样的条件下起降，但是只发生了一次轻微的着陆事故，说明我们大队的飞行员技术都不错。P-47 着陆的时候的机头扬起，挡住了前方视线，我们只能用眼角观察飞机两侧的情况。如果滑向跑道的一侧，就有可能掉进敌开的炸弹坑，偏向另一侧就会撞上施工作业的工兵。战争的急迫形势额外增加了风险，但是第 366 战斗机大队的飞行员们安之若素。我也很佩服工兵们，他们日复一日地修复跑道，不顾我们满载着炸弹和火箭在他们身边来来往往。

第 8 航空队把这个机场炸得一塌糊涂，建筑物都被破坏，满地都是巨大的弹坑。轰炸把德国空军的营房变成一堆残垣断壁，我们就把帐篷支在刚开犁的田地里。大队驻扎在诺曼底的那几天，我住在老旧的面包房里，从那以后的战斗岁月里，我一直以帐篷为家。当然，虽说冬天又长又冷，我们跟前线部队相比，居住条件还是好得很多。直到 3 月份我才有了睡袋，以前都是睡在两条毛毯下面。然而我们在严寒和斯巴达式的生活条件下一个个都长得结结实实的。

4 月 19 日我执行了最后一次战斗任务，武装侦察威滕伯格—新鲁平—勃兰登堡地区，这里距离柏林只有 35 英里。我们还没飞到离柏林这么近的距离。一架"马蝇"，就是前进空地管制员乘坐的联络机，指示我们去轰炸扫射几个树林，那里有德军正在殊死抵抗[①]。我们扫射了几辆车，大概能记到中队的功劳簿上。我排队跟着扫射卡车，刚要扣动扳机，另一架飞机已经把卡车击毁了。我们在空中盘旋寻找目标的时候，我又看见两三个小队仍然朝着那辆卡车射击。大概这就是所谓的饱和攻击。还有一个有趣的小插曲。那架引导我们攻击的小型联络机也飞过来，沿着我们的扫射航路飞向目标。轮

---

①　第 5 装甲师师部《对敌作战之后的信函报告》——1945 年 4 月，《用于提高空地协同效果的飞马计划》，可以在国家档案查阅。这份报告最早提到前进空地管制员（FAC）使用的飞机。今天这种方法已经十分完善，有专门用于这项任务的飞机。

到我们扫射的时候，这架小飞机突然在 500 英尺的高度垂直俯冲，躲开我们这些巨兽。我们没有撞着他。应当制定这方面的程序，防止发生这类事件。

4 月 21 日，哈罗德·N. 霍尔特（Harold N. Holt）上校解除第 366 战斗机大队大队长的职务，担任第 29 战术空军司令部的作战处处长。在我的战斗飞行期间，他一直担任大队长。我跟他接触不多，但觉得他真是优秀的军事领导人，坚定、公平，而且理解能力强。我们的新大队长是安塞尔·J. 威勒尔（Ansel J. Wheeler）中校，以前在第 29 战术空军司令部担任作战处副处长。我离队之前只见过他一次。我们大多数人都不喜欢这个外来户，全都认为应当由副大队长克劳·史密斯中校接替霍尔特上校的职务。多年以后我向克卢尔提到第 9 航空队这次不恰当的任命。他说，他跟奎萨达将军谈过这件事，将军也同意他是最好的人选，按理说也应当由他接替这个位置。然后克萨达将军又向克卢尔解释了政治方面的原因。威勒尔中校是西点军校的毕业生，文凭高，结交广，但是履历里缺的是指挥经验。

4 月下旬只有几次任务，大多是巡逻，返航以后没什么可报告的。我们出动的时候甚至不用挂载炸弹。我也参加了一次这样的任务，但是滑跑的时候飞机的轮胎爆了。几个小队返航之后说，他们遇上了苏联飞机，双方都小心翼翼地兜着圈子，然后脱离。4 月 25 日我们接到命令，不得飞越易北河，河那边就是苏联人。5 月 2 日我们执行了一次不同寻常的任务，在空中掩护投降的德军，防止别的美国飞机扫射他们。盟军终于彻底打败了德国。

第 10 章　任务完成

我的战争经历结束了。这个经历多少钱也买不来，给我多少钱我也不想再经历一次。

欧洲的战争就这么突然结束了；我们没有了飞行任务，开始到德国各地观光游览。过去 5 年里战争新闻报道过的地方，现在都想过去看看。我还想起英国人投下的 10 吨重的炸弹，在鲁尔河谷里的运河网里到处留下巨大的弹坑。我们都特别想去高射炮谷看一看；可惜，除了毁坏的城市以外，什么也没剩下。几个伙伴还想找到以前扫射轰炸过的地方，看看那里是不是还有炸毁的车辆和房子，结果什么也没找着，我们当时把所有东西都炸了个一干二净。

我们没有人想故意飞进苏联占领区，但是我想回家之前去柏林看一眼。我们 4 个人编成的观光小队飞到柏林上空，在 500 英尺的高度下观看下面的城市。除了残垣断壁就是断壁残垣。人们在废墟里走来走去，我们飞过头顶的时候连头也没抬一下。希特勒有一句话说对了，他演讲的时候曾经预言，10 年以后没有人会认得出德国的第三帝国。飞越柏林谭贝霍夫机场的情景至今还深深印在我的脑海里。那是一片草地，有一个很大的曲线形混凝土坡。苏军飞机停放在机场上，但是没有起飞干扰我们这几个人。我以前去过谭贝霍夫，但是一年以前开玩笑说在谭贝霍夫见面的人里，很多已经不在了。

不光是我们不顾禁令飞到苏联占领区上空。斯坦·索贝克（Stan Sobek）的父母要从波兰去美国，斯坦想再看一眼家乡。他和另外一位伙伴尽量向东飞，想飞到波兰上空，结果遭到苏军雅克战斗机的拦截，打信号叫他们着陆。斯坦后来告诉我们，苏联人指着地面要他降落的时候，他跟伙伴都摇着头拒绝了，他们来了个半滚倒转甩掉雅克飞机，然后再次爬高到原来的高度。雅克不见了，但是他也没能看见父母出生的故乡，留下深深的遗憾。

第 8 航空队的轰炸机也来观光，吓了我们一跳。欧洲胜利日几天以后，整整一群轰炸机在树梢高度掠过，观看德国战败以后留下的废墟①。B-17 机群轰鸣着飞过的时候，我们有几架飞机正在起飞，差点跟这帮观光客撞在一起，发生严重事故。当时 P-47 和 B-17 全都忙乱地做出规避动作，生怕迎头撞上。

驻扎在机场另一头的第 406 大队，练习在飞行中划出 U-S-S-R 和 C-C-C-P 字样。这是为了给易北河对岸驻扎的苏联部队看的。到了预告约定的日子，他们完成任务归来，组成队形在空中画出 4 个字母："S-H-I-T（混账！）"我们大队聚会的时候，我在一本题为《著名飞行》的宣传册上又看见了这个故事，显然作者是为了增加趣味性而把它编进去的。

按照这本宣传册的叙述，第二次世界大战期间最著名的一次飞行，是由安东尼·（尖牙）·格罗西塔（Anthony（Snag）Grossetta）上校指挥的第 406 战斗机大队在战争结束之后完成的。不伦瑞克的第 29 战术空军司令部向这个大队下令，在空中飞行表演中画出 USSR 和 CCCP 字样，由美国第 9 集团军司令辛普森将军检阅。第 406 大队挑选了 9 架飞机组成一个小队，长时间不知疲倦地练习。检阅前一天，战术空军司令部的什么人打来电话，要他们在战术空军司令部上空飞一遍，让司令部的人看看效果。如果飞得好，就让他们第二天飞给苏联人看。为了让司令部里的那些马屁精觉得他们飞得好，他们又练习了那句骂人话。

那天晚上他们到战术空军司令部上空接受检阅。先是 4 个三机编队通场，然后转向 180 度飞回来，画出 USSR，然后再来一次快速 180 度转向，第三次通过的时候画出 CCCP。最后一次通场以前所未有的整齐队形划出 "SHIT（混账！）"，让地面上的人觉得他们实在够格。他们就保持着这个队形一路飞回机场，一路上看见他们的部队全都大笑喝彩。

第 29 战术空军司令部同意他们在部队检阅的时候飞行，但是他们有点担

---

① 约翰·J. 霍兰（John J. Horan），《我们的电车任务》，美国空军博物馆《友人》期刊第 19 期第 3 号（1996 年秋季）：29~31 页。人们把轰炸机低空轰炸称作"电车任务"。

心，生怕羞辱过度惹毛了苏联人，引发一场国际事件。1993 年我们大队聚会的时候，霍尔特上校又添加了一点儿细节。

战术空军司令部里有几位苏联观察员，他们问新闻记者"SHIT"是什么意思。记者告诉他们，这是"家庭笑话"，苏联人听了面带微笑，他们这回又学了一个词"家庭笑话"，心里不免扬扬得意。

我想请五天的假去探望比利时的亲戚，上头批准了。这次回家我见到了每一位姑叔姨舅和兄弟姐妹，还有我父母的朋友。我离开之前，第一次在新闻纪录片里看见纳粹死亡集中营的情景。放映机把电影投射在银幕上，观众都屏住呼吸，显然大家都对眼前的景象厌恶至极。所以我们为了阻止这样的惨祸而参加战斗，那么多好人为了消灭这个专制政权而献身，他们没有白白牺牲。

我搭汽车返回明斯特，司机突然驶下公路，把车停下。我们下车看个究竟，发现风挡玻璃碎了，碎片扎得司机满脸是血，原来是几个德国人扔过来的砖头打碎了风挡。战争才结束两个星期，我们 15 个都是外国人，谁也没带武器。我们拦下了一辆救护车，把司机送去包扎，然后又继续赶路。从那以后，我在德国不论走到哪都带着手枪以防万一。

战争结束以后，数以百万计的难民开始长途跋涉返回家乡，德国的所有道路都十分拥挤。公路两侧是不间断的人流，向着两个方向行走。他们大多是妇女儿童，不是推着就是拉着各式各样的手推车，还有婴儿车。砖头打碎风挡玻璃，我们停下来为司机包扎的时候，难民们就在 100 英尺远的地方停下来，一群一群地站在那里，直到我们上路，他们才继续行进。这个场面看了让人心酸，可我们这些人又能做什么，只希望他们能找着家，跟亲人团聚。

回到明斯特以后，空军发明了一种新装备，安装在移动拖车里的流动式精密雷达。如果遇上坏天气，雷达和专门训练过的人员就引导我们穿过云层降落。我们只要服从指示就行，他会指导我们接近跑道末端。我们这些飞行员都将信将疑，想象不出雷达是怎么工作的。人家把这种方法叫作 GCA——地面控制进场。我虽然对这种方法的原理一无所知，但是以后的几年里我依靠地面控制进场完成了很多次着陆，都是在极端恶劣的气候条件下。有些飞行员开始练习这种方法，但是我在德国的时候从来没有接触过它。去年冬天

Y-29 机场上空的天气坏到了极点，当时要是有这套设备该有多好。

大队收集了一堆纪念品。各种枪械应有尽有，小到巴掌那么大的左轮手枪，大到点 60 口径的双筒猎枪，枪管有 5 英尺长。真不知道他们从哪儿、用什么方法弄到这么些东西。我花了 20 美元从一位伙伴手里买了一把德国空军军官的佩剑，现在还保留着它。我还带回来几本德国的彩色画报，让我侄子到学校里显摆显摆。

我听说有命令让我返回美国，而且就要到了，我于是开始收拾东西。我把纪念品装在箱子里，还有穿不着的衣服，都寄回家里。我最后一次飞行的时候，还抽空回到比利时的老家看了一眼，给他们一个大惊喜。我叔叔和婶婶的农场屋子两边各有一棵大树，我去探望他们的时候量了一下距离，两棵树相距 45 英尺。P-47 的翼展是 40 英尺，我想差不多能从树中间飞过去。迄今为止我一直在树上面飞行。在这最后一次飞行里，我要从中间一穿而过。

我爬升到 12000 英尺，认准了房子，然后半滚倒转下降，油门推到战斗应急功率。当我带着轰鸣从树中间飞过的时候，飞机的速度超过 500 英里/时。我拉起来，翻了几个筋斗，然后又放慢速度飞回来，摇摆机翼向他们告别。亲戚和邻居们都跑到屋子外面向我挥手（我自己这么想的）。没想到干了坏事。

6 个星期以后我回到芝加哥的家里，我婶婶的一封信已经摆在桌上。她给我和我妈妈都写了信，告诉我以后不许再这么干。亲戚们不能直接给我写信，我们没有欧洲当地的通信地址。我从房子上面掠过的时候速度太快，高度太低，结果房顶塌了。奶牛断了奶，母鸡也不下蛋，更糟糕的是，狗拖着牛奶车跑了，到现在也没回家。我让他们背上了沉重的经济负担。他们来美国的时候还提起这件事，宣称永远也忘不了。我没敢问狗的事，所以不知道这家伙到底回没回来。我驾驶 P-47 的时光到此也结束了[①]。

我最后一次驾驶 P-47 的时间是 1945 年 6 月 2 日。我把一卷没有冲洗的胶卷留在哈瑟尔特，又飞回 Y-29 机场去取洗好的照片。到这里，我在欧洲上空的飞行就全部结束了。我在去年执行了 70 次作战任务，战斗飞行时间

---

① 布鲁尔，《一路轰鸣回家转》。

156 小时 30 分钟。在这段时间里我击落了一架 FW 190 战斗机，摧毁了大量的军事装备，足以装备一支相当规模的部队。我射出的子弹大概有 120000 发，投了 30 吨炸弹。我获得过 12 枚飞行勋章，但是好像没有获得过别的奖章。

6 月 3 日我跳上一架 B-17 飞往英国，踏上了回乡之路。我们登机的时候机长过来跟我们握手，祝我们旅行顺利，回家以后顺利找到工作。他要去飞刚刚到达的新型 AT-6 飞机，这种飞机是用作仪表飞行训练的。我们目送他起飞，起落架没有收起，就这么飞出我们的视线。我们全都大笑起来，显然他忘记按下液压动力按钮，收回起落架之前给系统增加动力。多年以后聚会的时候，我跟他提起飞行的时候忘记按按钮的事。他尴尬地笑了起来，晃着脑袋回想起来，说道："我当时也是茫然不解，为什么外形简明的教练机飞起来这么迟钝。大概 15 分钟以后我才想起来，得按下液压动力按钮，系统才有压力。"我们都把这件事当成笑柄，尤其是一起参观博物馆，看见外形简明的教练机的时候，简直是乐不可支。

B-17 从明斯特低空飞到巴黎，我们可以在空中仔细观赏新闻报道中反复出现过的那些地方。有些城市和乡镇几乎完整无损，有些则已经变成一堆瓦砾。各个国家的人民在行动上也是相映成趣。整个德国都有大群大群的人清理废墟，大多是妇女，清理砖头再堆码成垛。比利时差不多也是这样，而且很多人用农业拖拉机和手动工具清理河中的断桥。法国好像没有多少人清理战争废墟，也没有人从河里打捞桥梁的残肢断臂。有些桥梁没有重型设备根本清理不了，但也没有人清理石墩和桥头附近的道路。同行的人道出了部分原因，他们说法国人可能是在等美国的援助到来以后再开始清理工作。

我到伦敦的时候，发现这里真是今非昔比；无论我们夜间走到哪里，哪里就灯光闪烁，整个伦敦都灯光闪烁。虽然灯光的亮度不是很大，发光的标志和广告牌也不是很多，但足以让人停下脚，仔细观看这样的变化。欧洲之光已经再次点亮。

我在英国乔利逗留了几个星期，等待交通工具回美国。这时候正值英国首相选举。战时领导大英帝国的保守党首相温斯顿·丘吉尔（Winston Churchill）和工党的克莱门特·艾德礼（Clement Attlee）激烈竞争。一天晚上丘吉尔要来乔利镇演讲。我犹豫了半天，是不是去见识一下这位伟大的战时领导人，最后还是决定不去。我一直为这个决定感到后悔。

1945 年 7 月 14 日我们终于可以坐车前往沃顿机场，其中 10 个人上了一架 B-24 轰炸机，飞回美国。这架飞机已经饱经战争的风霜，在瑞典使用了一年，还曾经紧急迫降过。飞机换了一对发动机，然后飞到英国。我们将荣幸地乘坐它返回康涅狄格州的布莱德利机场。见过驾驶员、副驾驶员和领航员以后，我们就起飞了。第一站是威尔士西北的沃利，这里是横渡大西洋航线的起点。我们又等了一天，让气象锋面离开冰岛，天空放晴了再走。

我在沃利见到了几个航校的同学，我被编入战斗部队以后就再也没有见过他们。我在这儿听说鲍勃·哈特曼（Bob Hartman）在许特根森林上空被高射炮击落阵亡。哈特曼、坦塞尔和我都在航校一起学习过，又一起得到了飞行员领章。那时候我们相处得很好，还说战争结束以后再会个面。可是现在只剩下我一个人。

我们从沃利飞到冰岛凯菲亚维克郊外的米克斯机场，穿过厚厚的云层着陆。偶尔能见到正面波涛汹涌的北大西洋，在过去的 5 年里，这里发生过多少战斗，又有多少人葬身在这望不到边的巨浪里。着陆以后我们发现机翼漏油，尾翼表面光滑锃亮，像新的一样，汽油被风吹向后面，把机尾冲洗得干干净净。飞机没有爆炸真是奇迹——这就是 B-24 飞机的特点。原来是人称"东京油箱"的翼尖油箱裂了缝。这种油箱没有在欧洲使用过，干燥以后就开裂了。我们把油箱抽干，全体出动检查机翼蒙皮和盖板，让机翼里的汽油挥发干净。这项工作又花了我们两天时间。

这段时间我们就在俱乐部里玩扑克。第一宿我在午夜的时候走到外面，太阳还在空中。我们凌晨 4 时起飞的时候，看见太阳已经升高了。

东京油箱不能用了，我们得在格陵兰的 BW-1 机场停下来加油，这个机场坐落在格陵兰西南海边的纳萨尔苏瓦克。BW 代表西布鲁依，是西格陵兰的代词。当我们在一片明亮的阳光下飞到格陵兰的时候，格陵兰冰原在我们眼前闪闪发光，我们都是第一次领略这种恢宏壮观的景色。我们飞过格陵兰，向下俯瞰戴维斯海峡，大大小小的冰山映入眼帘，一望无际。真想不到这么多的冰山都要沿着拉布拉多洋流，向南漂进北大西洋。难怪沿海国家都要在航线上实施国际冰区巡逻，就是要保护生命财产不受冰山的侵袭。

我们只在 BW-1 停留一两个小时，刚好够给飞机加满油，找点东西吃。BW-1 的跑道一端高于海面 5 英尺，另一端比这端还要高 125 英尺，着陆就像爬山一样，从海面向着冰原滑跑，大型飞机只有一次进场着陆的机会。距离跑道一两英里的地方，格陵兰冰原就升高到 10000 英尺，机场被冰墙三面包围，想转向、爬升躲开冰原，根本没有余地。起飞则沿着相反的方向，下坡冲向大海。

从格陵兰起飞，下一站是加拿大拉布拉多省的古斯湾，恶劣天气又让我们在这里耽搁了两天。最后一段航程是从古斯湾到布莱德利机场，7 月 27 日到达这里。乘坐飞机横跨大西洋居然用了 11 天——比从英国坐船还多了 4 天。我们在布莱德利机场下了这架饱经战火的 B-24，我们给它起了个名字叫"克雷姆（受苦受难的人）"。真不知道这个老家伙还能不能继续飞行。在大西洋上空飞行的时候，两个发动机都失去动力。我们在古斯湾起飞的时候，剩下的两个发动机达不到起飞功率，不过好歹还是飞起来了，把这架飞机开回家里。

我离开布莱德利机场已经有一年多了。从欧洲回国的飞行员大多集中在这个机场。原来的教学楼已经改成大厅，意大利战俘在这里当侍者，我们在这享受了一顿牛排晚宴，以前谁也没有喝过这么新鲜的牛奶。机场还设立了一小块场地，专门用于 P-47 的改装训练。我过去看了看，发现原来的教官还在那里，用的飞机也是同一架。教官抱怨说，他一直在这当训练军官，从来没有机会到战场上显显身手。

完成报到手续用了 4 天，还得坐火车到芝加哥北面的谢里登堡去一趟。然后我就请了一个月的假，坐上当地的电车回家。给我的命令是 8 月 30 日去加利福尼亚州的圣安娜陆军机场报到，重新分配任务。

回到家里感觉真好，但是一两天以后我就觉得乏味孤独。过去三年里经过那么多风风浪浪，现在已经很难适应家庭生活。很多过去的老朋友都在工作，我去见了其中几个，大家见面的时候都很高兴，但是再没有以前那样亲密了，甚至姑娘们也变了样。我想跟其中的几位约会，特别是给我的 P-47 起名的那位，弗吉尼亚（Virginia）。我们见了一次面，以后就没有下文了。这到底是怎么回事呢？我还想回到原来的生活，但是生活本身已经变了。

我成了邻居眼里的明星，战时邻里组织还给我组织了一个家庭晚会。晚会上全是跟空战有关的问题，女士们特别喜欢打听医疗、食物和生活条件方面的事。一位女士听说我们一直坐在飞机里，不能随便走动，不禁好奇地问道，那我们飞行的时候要方便可怎么办？我回答以后她吃吃地笑起来，扮了个鬼脸。

飞机上有排放管让我们解决临时之急。这是根带漏斗的橡胶管，出口安在飞机底下。这套装置缺点不少，冬天使用的时候特别明显。飞机停在地面上的时候，残留的尿液和飞溅的污水有可能把管子冻住，使用的时候会有什么效果可想而知。冬天我们都穿着很厚的毛料长内衣、毛料制服，还有厚重的飞行服，被三英寸宽的腰带绑在座椅上，肩带还连接胯部的安全带，解开衣服很是费力，因为只能用一只手，另一只手操纵飞机。那时候的制服裤子不装拉链，只是钉了 4 个小扣子，站着的时候解开扣子也得花点功夫。冬天飞行的时候总是很冷，座舱不是增压式的，加热器的效果很差。冷气不但钻进肾脏里，还搅乱了生理机能，男性器官收缩在一起以求保护，结果尿急的时候难处就更多了。种种这些缺点让我们不愿意使用排放管，起飞之前、落地之后往往跑到飞机尾后就地解决。如果确实有必要使用排放管，我们一般都忍着，等飞到德国上空再用。

要是问题再严重一点，那就无计可施了。突出部战役期间，整个大队的人都闹肚子，有几位飞行员飞行的时候就中了彩。着陆以后他们用绳子把裤腿绑住，这样至少能跨出飞机，不会把座舱弄脏。在战斗机里方便可真不是件容易的事，能避免的话尽量避免。

另一个问题是关于宗教活动的事。大队有一位随军教士，霍华德·B. 弗拉姆（Howard B. Foram）上尉，是位新教牧师，也是良师益友。星期六晚上他经常去各个帐篷里转转，提醒我们第二天早晨他要举行礼拜仪式。他知道我是天主教徒，但是每次都邀请我。有时候天主教神甫会来到机场，给我们做个弥撒，这时候弗拉姆牧师就会通知各位天主教徒。当时战斗很激烈，我们都弄不准具体日子，有时候能赶上教堂活动，有时候就错过了。出击之前都没有宗教仪式，因为任务要执行一整天，没功夫搞仪式。我得承认，战争期间我没参加过几次弥撒。牧师大概也为遇上困难的战士排忧解难，但是我从来没有为这样的事找过他。他还跟我们开玩笑说，他有资格去打我们那张传奇性的 TS 牌。这里对局外人解释一下，"TS"表示"触霉头"。要是有谁对陆军、食物和别的什么事不满，别人就劝他去找牧师，把 TS 牌打出去，这个人往往就没什么话说了。从某个角度来说，我参加陆军也是发了张 TS 牌——说说笑话而已。

这时候正好乔克·贝内特打来电话，我无聊的心情一扫而光。他要来芝加哥看望未婚妻露丝·基利（Ruth Kealey），觉得我可能在家，就给我家里打了个电话。重逢真是让人高兴。他现在拄着拐，右腿打着石膏，至于以后能不能正常走路，大夫还不敢说。他让我给他当伴郎，他们打算 10 月份回威斯康星州简斯维尔的老家结婚。我愉快地接受了邀请，希望部队到时候给我几天假。我还把他收集的纪念品，那把卢格手枪和瓦尔特 P-38 手枪给了他，跟个人物品寄回家的纪念品都丢了，这种东西寄在路上往往就不见了，好像已经成了惯例。

我在家的时候原子弹轰炸了日本。我再也不用担心会被派到太平洋上去，跟日本人作战了。我已经过够了战争生涯。我心情愉快地来到加利福尼亚的圣安娜陆军机场，跟一位海军军官同住一个宿舍，有两天一直都在交流战争经历。我在圣安娜提出退役申请，得到批准。

最后插一段我对原子弹轰炸日本的看法。21 世纪的很多人都认为，使用那样的武器实在不应该，那时候的日本已经没有防御能力，不到 1945 年年底就会投降。就算他们说的不错，当时还有 30 万美国、英国、荷兰和澳大利亚的战俘住在日本的战俘营里，正像苍蝇一样成批地死去。正是这些人靠着少数装备，手里的武器已经过时，面对日本人的优势装备，坚守战线直到整个美国动员起来。战争结束以后，我听过直属长官罗伯特·J. 莱雷尔（Robert J. Leyrer）少校的故事，他在菲律宾被日本人俘虏，经历过 3 月的巴丹死亡之旅，后来一直在日本人的矿山里做劳工①。他跟我说，当时的条件恶劣到非

---

① 威廉·H. 巴奇（William H. Bartsch），《开局不利——菲律宾的美国驱逐机飞行员》，1941—1942 年（学院站：得克萨斯农业与机械大学出版社，1992 年）。鲍勃·莱雷尔（Bob Leyrer）中尉前往菲律宾，直接来到我们的飞行学校，1941 年 6 月底到达。他被分配到第 24 驱逐机大队第 17 驱逐机中队。他从来没有执行过作战任务，最后以步兵的身份参加了巴丹战役。

人的程度，如果战争再持续几个月，没有一个人能挨得过来。这是美国欠他们的，应当尽快结束战争①。

如果我们打进日本本土，我相信死亡人数要比日本军队在战争期间各次战役的伤亡总和还要多。冲绳是第二次世界大战最后一场大规模地面战役。我们在那次战役里战胜了日本人，然而日本人拒不投降，全都被消灭。损失大得吓人，美军阵亡 23000 人，包括 5000 多名死于神风攻击的海军人员。日本人则有 91000 名军人和 150000 名冲绳百姓被杀——比广岛和长崎死去的人还多②。

日本人信奉所谓的武士道，一心想战斗到死。武士道就是武士的信仰，保持忠诚和纪律，荣誉高于生命，这对美国人来说有点困难。日本人终生信守这个准则，在冲绳的战斗中凶猛顽强地作战，发动自杀攻击，为本土作战招募大批的神风队员和平民自杀部队。即使扔了两颗原子弹之后，日本军队还差点推翻皇帝，让投降的计划流产③。所以，在对我们这一代使用原子弹做出评论之前，请先了解一下日本人的内心活动，还有他们那套武士道准则④。

---

① 罗伯特·S. 拉弗特（Robert S. LaForte），《修建死亡铁路：缅甸战俘的苦难经历》，1942-1945 年（特拉华州维明顿：特学术资源出版社，1993 年），提供了日本战俘营的残酷条件下幸存的 22 名战俘的第一手资料。威廉·A. 贝里（William A. Berry）的《旭日国的战俘》（诺曼：俄克拉荷马大学出版社，1993 年）也有关于战俘的精彩描述。

② 乔治·法伊费尔（George Feifer），《天王山》（纽约：蒂克纳-菲尔茨出版社，1992 年）。

③ 太平洋战争研究协会，《日本最长的一天》（纽约：巴兰坦书店，1983 年），描写军队叛变几乎成功，阻止皇帝投降的故事。

④ 托马斯·B. 艾伦（Thomas B. Allen）和诺曼·波尔马（Norman Polmar），代号"堕落"（纽约：西蒙美国人和日本人入侵日本的计划。入侵肯定会让日本变成一片焦土。一个有意思的侧注：双方都想使用毒气和细菌武器。

后　记

大战结束以后，第366战斗机大队的多数人又回到平民生活。有些预备役军人留下来继续服役，想在军队里谋生，结果遇上了大幅度裁员（RIF），由于美国军队复原而退出现役。我自己早就申请退役，所以进了学校，攻读航空工程师学位。我亲身体验过航空，所以我想进入这一行，靠它为生。这算是我的一个明智决定。我真的当上了工程师，在职业生涯里有机会跟很多著名的飞机设计师共事，其中就有亚历山大·卡特维利（Alexander Kartveli），结实耐用受人喜爱的P-47就是他设计的。

我还实现了别的美国梦，有了可爱的妻子、家庭、住房。我把一位美丽的姑娘玛吉·罗斯（Margie Roth）追求到手，1948年6月19日我们在加利福尼亚的北好莱坞结婚。我的伴郎是我飞行时的伙伴乔克·贝内特。过了几年，玛吉和我有了4个孩子，安德鲁（Andrew）、罗伯特·J（Robert J）、苏珊（Susan）和查尔斯（Charles）。我们为孩子们感到自豪，他们还给我们生了5个孙儿。

我们钟爱的P-47可没这么好的结局。这种飞机生产了15000多架，比其他型号的美国战斗机都要多，现在只剩下几架。很多P-47都被销毁，要不就被扔进海里，这种了不起的飞机身后就是这样的命运。它把敌人吓破了胆，赢得了飞行员的喜爱。12000架敌机、86000节铁路车厢、9000辆机车、6000辆装甲车毁在P-47的炮火之下。盟军赢得第二次世界大战，也有P-47的一份功劳。

美国空军现在还有第366战斗机大队。这个大队自从1943年6月组建以来一直在编，其间只有两段不长的时间取消了这个番号。第366大队在有生之年里一直保持着优秀纪录，专注于空军的事业，在冷战期间赢得了多项荣誉，为美国参加的战争立下了卓越的功绩。现在第366战斗机大队是空军远征联队的精锐部队，是唯一驻扎在爱达荷州霍姆山空军基地的空军部队①。目前，第 389 中队装备 F-16，执行空中遮断任务，第 390 中队装备 F-16，争夺制空权，遂行战斗机支援任务，第 391 中队装备 F-15E，负责对地攻击。装备 B-1B 重型轰炸机的第 34 轰炸机中队执行支援任务，第 22 空中加油中队装备加油机和运输机。这个大队简直就是一支小型的空军。

我有幸登上第 366 战斗机大队的历史记录，讲述它的传说。我们建立了第 366 战斗机大队协会，在这里缅怀往事，叙述那些愉快的过去，但也没有忘记以前那些忧伤不快的日子。我们为已经逝去的一切干杯，希望这个世界恢复正常，不要再有什么战争，让生活变得更加美好。

战争结束以后，我给几位战友的妻子和父母写了回信，他们全都悲伤欲绝，想知道亲人临终的情况。这几封信实在难以起笔。我想起下面这首诗，用它作为本书的结尾，它道出了我的心声。

致圣彼得的信

让他们进来吧，彼得，他们实在太疲倦了；
给他们安排睡榻，就是天使睡过的那一张。
黎明时分再次唤醒他们
太阳升起，不会再有战争，愿他们长久安宁。
记得他们支离破碎地葬身何处——
满足他们的要求。让他们发出声音。
天知道他们死的时候有多么年轻！
给这些孩子摇滚乐队，不要金竖琴，
给他们爱，彼得，——他们已经没有时间——
姑娘的温柔就像草原上的轻风，还有飘逸的长发——

---

① 空军远征联队是可以独立作战的空军部队，有人员、飞机和辅助装备，编成快速打击部队，可以部署到世界各地，凭借联队本身的功能和能力，独立完成空中作战任务。联队有战斗机、攻击机、轰炸机和加油/运输机，构成一个整体。参见汤姆·克兰西（Tom Clancy）的《战斗机联队》（纽约：伯克利书店，1995 年）。

他们应该倚在树下，听着鸟儿歌唱，登高无望
品尝夏天梨子的甜汁，
让他们知道失去了什么，告诉他们别害怕；
我们以后也会来到，一切都会变好①。

---

① 这首诗是第二次世界大战期间在菲律宾出现的。